안쌤의 사고력 수학

분수막대
퍼즐

Contents

안쌤의 사고력 수학 퍼즐 **분수막대 퍼즐**

부록

※ 분수막대 만들기(103쪽)와 분수막대(105쪽)를 학습에 활용해 보세요.

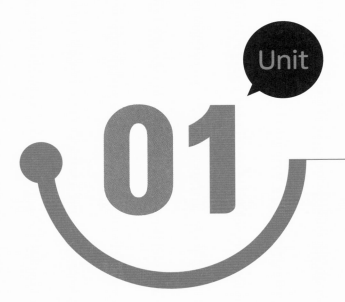

Unit

01

분수 ①

| 수와 연산 |

분수에 대해 알아봐요!

분수 알아보기 | 수와 연산 |

색칠한 부분은 전체의 얼마인지 알아보세요.

◉ 색칠한 부분은 전체의 얼마인지 빈칸에 써넣어 보세요.

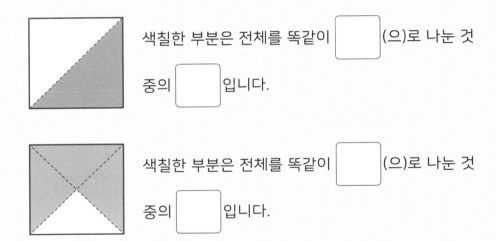

색칠한 부분은 전체를 똑같이 [ ](으)로 나눈 것

중의 [ ] 입니다.

색칠한 부분은 전체를 똑같이 [ ](으)로 나눈 것

중의 [ ] 입니다.

◉ 왼쪽 사각형을 똑같이 여러 개로 나누고 일부분을 색칠한 후, 색칠한 부분을 전체의 얼마인지 나타내어 보세요.

색칠한 부분은 전체를 똑같이 [ ](으)로 나눈 것

중의 [ ] 입니다.

전체를 똑같이 나눈 것 중의 일부를 수로 나타내는 방법을 알아보세요.

- 전체를 나타내는 수는 $\boxed{}$ 입니다.

- 전체를 똑같이 2로 나눈 것 중의 1을 $\dfrac{\boxed{}}{\boxed{}}$ (이)라고 쓰고,

  $\boxed{}$ 분의 $\boxed{}$ (이)라고 읽습니다.

- 위와 같이 전체에 대한 부분을 나타내는 수를 $\boxed{}$ (이)라고 합니다.

- 위의 분수에서 2를 $\boxed{}$, 1을 $\boxed{}$ (이)라고 합니다.

- 분수에서 전체를 나타내는 것은 (분모 , 분자)이고, 부분을 나타내는 것은 (분모 , 분자)입니다.

Unit
01

02 분수막대 만들기 | 수와 연산 |

크기가 1인 막대를 이용하여 다양한 분수막대를 만들어 보세요.

※ 분수막대 만들기(103쪽)를 학습에 활용해 보세요.

방법

① 첫 번째 막대에는 막대가 나타내는 수인 1을 표시합니다.

② 두 번째 막대는 전체를 똑같이 2등분하고, 각각의 막대가 나타내는 수를 분수로 표시한 후 색칠합니다.

③ 세 번째 막대는 전체를 똑같이 3등분하고, 각각의 막대가 나타내는 수를 분수로 표시한 후 색칠합니다.

④ ②~③과 같은 방법으로 다양한 분수막대를 만듭니다.

◉ 첫 번째

◉ 두 번째

◉ 세 번째

안쌤 Tip

이 책에서는 1을 표시한 분수막대를 1 분수막대, $\frac{1}{2}$을 표시한 분수막대

를 $\frac{1}{2}$ 분수막대, $\frac{1}{3}$을 표시한 분수막대를 $\frac{1}{3}$ 분수막대, ⋯ 라고 해요.

◉ 네 번째

◉ 다섯 번째

◉ 여섯 번째

◉ 일곱 번째

◉ 여덟 번째

Unit
01

분수만큼 색칠하기 | 수와 연산 |

막대에 색칠한 부분이 전체의 $\frac{7}{10}$이 되도록 하려고 합니다. 몇 칸을 더 색칠해야 하는지 구하고, 색칠해 보세요.

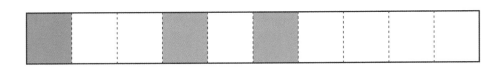

⊙ $\frac{7}{10}$ 은 전체를 똑같이 ☐ (으)로 나눈 것 중의 ☐ 입니다.

⊙ 위의 막대는 전체 ☐ 칸입니다.

⊙ $\frac{7}{10}$ 은 전체 ☐ 칸 중에서 ☐ 칸을 색칠해야 합니다.

⊙ 위의 막대는 ☐ 칸이 색칠되어 있으므로

☐ − ☐ = ☐ (칸)을 더 색칠해야 합니다.

? 위의 막대가 $\frac{7}{10}$이 되도록 색칠한 후 색칠하지 않은 나머지 부분을 분수로 나타내어 보세요.

막대에 전체의 $\dfrac{1}{4}$ 만큼이 색칠되어 있습니다. 색칠한 부분이 전체의 $\dfrac{6}{8}$ 이 되도록 하려고 할 때 몇 칸을 더 색칠해야 하는지 구하고, 색칠해 보세요.

$\dfrac{1}{4}$

위의 막대에 전체의 $\dfrac{6}{8}$ 이 되도록 $\dfrac{1}{4}$ 분수막대를 올려놓으려면 몇 개의 $\dfrac{1}{4}$ 분수막대가 필요한지 구해 보세요.

04 분수의 활용 | 수와 연산 |

안쌤이 밭에 채소를 심었습니다. 밭의 $\dfrac{2}{9}$에는 상추를, 밭의 $\dfrac{4}{9}$에는 방울토마토를 심었습니다. 아무 것도 심지 않은 부분은 밭 전체의 얼마인지 구해 보세요.

◉ 주어진 막대를 똑같이 9조각으로 나누어 보세요.

◉ 위의 막대에 상추를 심은 부분을 색칠해 보세요.

◉ 위의 막대의 남은 부분에 방울토마토를 심은 부분을 색칠해 보세요.

◉ 상추와 방울토마토를 심은 부분은 전체의 얼마인지 구해 보세요.

◉ 아무 것도 심지 않은 부분은 전체의 얼마인지 구해 보세요.

안쌤이 피자 한 판을 똑같이 6조각으로 나누어 전체의 $\frac{1}{3}$만큼 먹었습니다. 안쌤이 먹고 남은 피자는 몇 조각인지 구해 보세요.

Unit
01

◉ 주어진 막대를 똑같이 6조각으로 나누어 보세요.

◉ 주어진 막대에 안쌤이 먹은 전체의 $\frac{1}{3}$을 나타내어 보세요.

◉ 위의 두 막대에 나타낸 것을 비교하여 안쌤이 먹고 남은 피자 조각은 몇 조각인지 구해 보세요.

분수의 크기

| 수와 연산 |

분수의 크기를 비교해 봐요!

분수의 크기 | 수와 연산 |

두 분수의 크기를 비교해 보세요.

◉ 주어진 도형에 각각 $\frac{3}{4}$과 $\frac{2}{4}$만큼 색칠해 보세요.

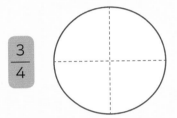

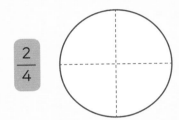

◉ $\frac{3}{4}$은 $\frac{1}{4}$이 몇 개인지 써 보세요.

◉ $\frac{2}{4}$는 $\frac{1}{4}$이 몇 개인지 써 보세요.

◉ 두 분수의 크기를 비교하여 ◯ 안에 >, =, <를 알맞게 써넣어 보세요.

$\frac{3}{4}$ $\frac{2}{4}$

주어진 도형에 분수만큼 색칠하고, 두 분수의 크기를 비교하여 ◯ 안에 >, =, <를 알맞게 써넣어 보세요.

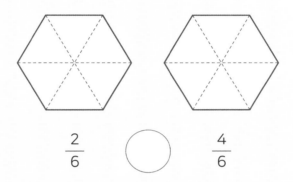

$\dfrac{2}{6}$ ◯ $\dfrac{4}{6}$

분수 중에서 분자가 1인 분수를 단위분수라고 합니다. 수직선 위에 주어진 단위분수만큼 나타내어 보고, 두 단위분수의 크기를 비교하여 ◯ 안에 >, =, <를 알맞게 써넣어 보세요.

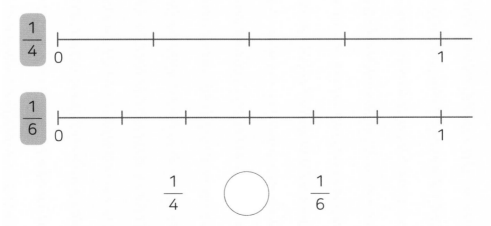

$\dfrac{1}{4}$ ◯ $\dfrac{1}{6}$

정답 ▶ 88쪽

크기 비교하기 ① | 수와 연산 |

밭의 $\dfrac{4}{10}$ 에는 배추를 심고, $\dfrac{6}{10}$ 에는 무를 심었습니다. 분수막대를 이용하여 어느 것을 심은 밭의 넓이가 더 넓은지 구해 보세요.

◉ 주어진 막대에 배추를 심은 부분의 넓이를 나타내어 보세요.

➔ $\dfrac{4}{10}$ 는 $\dfrac{1}{10}$ 이 ☐ 개입니다.

◉ 주어진 막대에 무를 심은 부분의 넓이를 나타내어 보세요.

➔ $\dfrac{6}{10}$ 은 $\dfrac{1}{10}$ 이 ☐ 개입니다.

◉ 위의 두 막대에 나타낸 것을 비교하여 어느 것을 심은 밭의 넓이가 넓은지 구해 보세요.

도화지의 $\frac{4}{12}$에는 빨간색을, $\frac{3}{12}$에는 노란색을, 나머지 부분에는 파란색을 칠했습니다. 가장 많은 부분을 칠한 색을 구해 보세요.

◉ 주어진 막대를 알맞은 개수의 조각으로 똑같이 나누어 보세요.

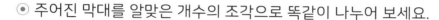

→ $\frac{4}{12}$와 $\frac{3}{12}$의 분모인 ☐ 조각으로 똑같이 나누어야 합니다.

◉ 파란색을 칠한 부분은 전체의 얼마인지 구해 보세요.

→ 파란색을 칠한 부분은 전체를 똑같이 ☐ 조각으로 나눈 것 중의

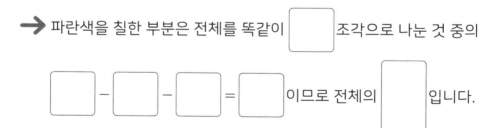

☐ − ☐ − ☐ = ☐ 이므로 전체의 ☐ 입니다.

◉ 위의 막대에 빨간색, 노란색, 파란색을 알맞게 색칠하고, 가장 많은 부분을 칠한 색을 구해 보세요.

03 크기 비교하기 ② | 수와 연산 |

분수막대를 이용하여 <조건>을 만족하는 단위분수를 모두 찾아보세요.

조건

① 분모가 2보다 큽니다.

② $\dfrac{1}{6}$ 보다 큰 분수입니다.

$\dfrac{1}{6}$	$\dfrac{1}{6}$					

→ 단위분수는 분모가 작을수록 (큽니다 , 작습니다).

분수막대를 이용하여 다음 분수 중 $\dfrac{2}{5}$ 보다 작은 분수를 모두 찾아보세요.

$$\dfrac{2}{3} \qquad \dfrac{2}{8} \qquad \dfrac{2}{10} \qquad \dfrac{2}{4}$$

| $\dfrac{2}{5}$ | $\dfrac{1}{5}$ | $\dfrac{1}{5}$ | | | |

$\dfrac{2}{3}$

$\dfrac{2}{8}$

$\dfrac{2}{10}$

$\dfrac{2}{4}$

➡ 분자가 같은 분수는 분모가 클수록 (큽니다 , 작습니다).

정답 ❯❯ 89쪽

크기 비교하기 ③ | 수와 연산 |

과일 가게의 과일 중에서 오렌지는 전체의 $\frac{1}{4}$, 사과는 전체의 $\frac{2}{5}$, 레몬은 전체의 $\frac{2}{6}$입니다. 분수막대를 이용하여 오렌지, 사과, 레몬 중에서 가장 적게 있는 과일을 구해 보세요.

◉ 오렌지

◉ 사과

◉ 레몬

→ 가장 적게 있는 과일:

시율, 예빈, 서윤이는 똑같은 과자를 각각 한 봉지씩 먹고 있습니다. 먹은 과자의 양이 시율이는 전체의 $\frac{7}{8}$, 예빈이는 전체의 $\frac{5}{6}$, 서윤이는 전체의 $\frac{3}{4}$일 때, 과자가 많이 남은 사람 순서대로 나열해 보세요.

◉ 시율

◉ 예빈

◉ 서윤

➔ 과자가 많이 남은 사람 순서:

정답 ➢ 89쪽

소수

| 수와 연산 |

소수에 대해 알아봐요!

소수 알아보기 | 수와 연산 |

트럭이 이동한 거리가 얼마인지 알아보세요.

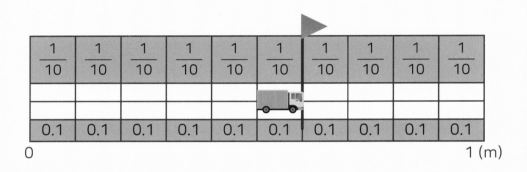

$\frac{1}{10}$	$\frac{1}{10}$	$\frac{1}{10}$	$\frac{1}{10}$	$\frac{1}{10}$	$\frac{1}{10}$	$\frac{1}{10}$	$\frac{1}{10}$	$\frac{1}{10}$	$\frac{1}{10}$
0.1	0.1	0.1	0.1	0.1	0.1	0.1	0.1	0.1	0.1

0   1 (m)

- 트럭은 $\frac{1}{10}$ m 씩 6칸 이동했습니다.

   → 트럭이 이동한 거리는 ☐ m입니다.

- 트럭은 0.1 m 씩 6칸 이동했습니다.

   → 트럭이 이동한 거리는 ☐.☐ m입니다.

→ 0.1, 0.2, 0.3과 같은 수를 ☐ (이)라 하고, '.' 을 소수점 이라고 합니다.

안쌤 Tip

분수 $\frac{1}{10}$은 소수 0.1로 나타낼 수 있어요.

서현이는 리본 0.5 m를, 아현이는 리본 0.3 m를 사용하여 꽃을 만들었습니다. 누가 리본을 더 많이 사용했는지 구해 보세요.

◉ 두 사람이 사용한 리본의 길이를 나타내어 보세요.

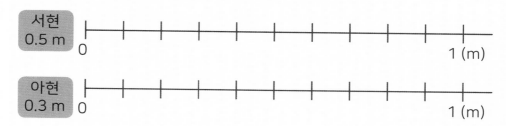

◉ 두 소수의 크기를 비교하여 ◯ 안에 >, =, <를 알맞게 써넣어 보세요.

0.5　　◯　　0.3

◉ 리본을 더 많이 사용한 사람은 누구인지 구해 보세요.

빈칸에 알맞은 소수를 써넣어 보세요.

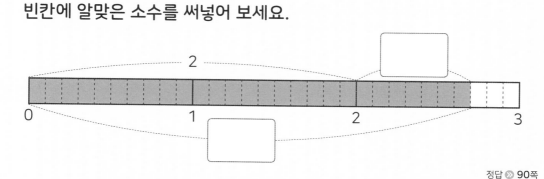

소수로 나타내기 | 수와 연산 |

분수 $\dfrac{1}{2}$을 소수로 나타내는 방법을 알아보세요.

◉ 주어진 막대에 $\dfrac{1}{2}$만큼을 색칠해 보세요.

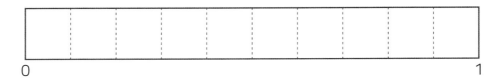

0   1

→ $\dfrac{1}{2}$은 전체를 똑같이 10으로 나눈 것 중의 $\boxed{}$와 같습니다.

◉ $\dfrac{1}{2}$을 분모가 10인 분수와 소수로 나타내어 보세요.

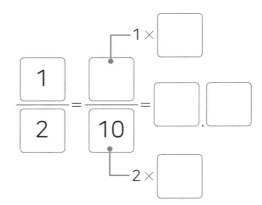

막대에 색칠한 부분을 소수로 나타내어 보세요.

→ ☐.☐

정답 ≫ 90쪽

03 크기 비교하기 | 수와 연산 |

분수막대를 이용하여 종이비행기 멀리 날리기 대회에서 이긴 사람은 누구인지 찾아보세요.

> 1 m를 똑같이 10으로 나눈 경기장에서 종이비행기 멀리 날리기 대회를 했습니다. 나림이의 종이비행기는 전체의 $\frac{4}{10}$ 를, 예일이의 종이비행기는 0.5 m를, 예은이의 종이비행기는 3칸을 이동했습니다. 그런데 세 사람은 기록을 모두 다르게 나타내어 누구의 비행기가 더 멀리까지 이동했는지 비교하지 못했습니다.

◉ 위의 글에서 종이비행기가 이동한 거리를 비교하지 못한 이유를 찾아 밑줄 그어 보세요.

◉ 종이비행기가 이동한 거리를 어떻게 비교할 수 있는지 써 보세요.

◉ 주어진 막대에 1 m를 똑같이 10으로 나눈 경기장을 나타내어 보세요.

0   1 (m)

◉ 주어진 막대에 나림이의 종이비행기가 이동한 거리를 나타내어 보세요.

0	1 (m)

◉ 주어진 막대에 예일이의 종이비행기가 이동한 거리를 나타내어 보세요.

0	1 (m)

◉ 주어진 막대에 예은이의 종이비행기가 이동한 거리를 나타내어 보세요.

0	1 (m)

◉ 세 사람의 종이비행기가 이동한 거리를 모두 소수로 나타내어 보고, 종이비행기 멀리 날리기 대회에서 이긴 사람은 누구인지 찾아보세요.

Unit
03

정답 ▶▶ 91쪽

분수와 소수 | 수와 연산 |

분수막대를 이용하여 <조건>을 만족하는 소수는 모두 몇 개인지 구해 보세요.

조건

① ■.▲ 모양의 소수입니다.

② 0.1이 7개인 수보다 작습니다.

③ $\frac{2}{10}$ 보다 큽니다.

◉ 주어진 막대에 0.7만큼을 나타내어 보세요.

0   1

◉ 주어진 막대에 $\frac{2}{10}$ 만큼을 나타내어 보세요.

0   1

◉ 조건을 만족하는 소수를 모두 쓰고, 몇 개인지 구해 보세요.

어떤 공을 떨어뜨리면 처음 높이의 0.4만큼 튀어 오른다고 합니다. 이 공을 30 m 높이에서 떨어뜨렸을 때 공이 튀어 오른 높이는 몇 m인지 분수막대를 이용하여 구해 보세요.

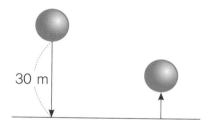

◉ 0.4를 분수로 나타내어 보세요.

◉ 주어진 막대에 위에서 구한 분수만큼을 나타내어 보세요.

0   30 (m)

◉ 공이 튀어 오른 높이를 구해 보세요.

정답 ≫ 91쪽

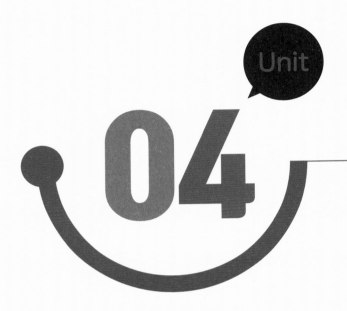

Unit

04

분수 ②

| 수와 연산 |

분수에 대해 알아봐요!

분수 | 수와 연산 |

12 cm의 종이띠를 보고 빈칸에 알맞은 수를 써넣어 보세요.

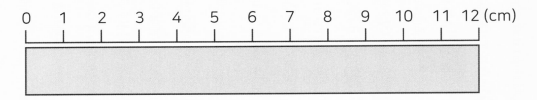

⊙ 12 cm의 $\dfrac{2}{3}$ 는 [   ] cm입니다.

⊙ 12 cm의 $\dfrac{3}{4}$ 은 [   ] cm입니다.

시율이는 하루 24시간의 $\dfrac{3}{8}$ 은 잠을 잤고, $\dfrac{1}{4}$ 은 학교에서 생활했습니다. 잠을 잔 시간과 학교에서 생활한 시간을 각각 색칠한 후 구해 보세요.

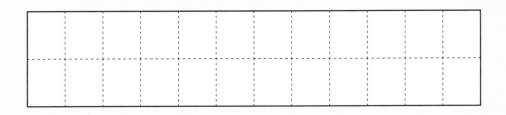

⊙ 잠을 잔 시간: [   ] 시간   ⊙ 학교에서 생활한 시간: [   ] 시간

안쌤 Tip

분자가 분모보다 작은 분수를
진분수라고 해요.

<조건>을 만족하는 분수 $\dfrac{\blacktriangle}{\blacksquare}$를 구해 보세요.

조건
① 진분수입니다.
② 분모와 분자의 합은 9입니다.
③ 분모와 분자의 차는 1입니다.

⊙ $\dfrac{\blacktriangle}{\blacksquare}$는 진분수이므로 $\boxed{} < \boxed{}$ 입니다.

⊙ $\blacksquare + \blacktriangle = \boxed{}$ 입니다.

⊙ $\blacksquare - \blacktriangle = \boxed{}$ 입니다.

⊙ $\blacksquare = \boxed{}$, $\blacktriangle = \boxed{}$ 입니다.

➜ 조건을 만족하는 분수는 $\boxed{}$ 입니다.

정답 ≫ 92쪽

분수만큼 구하기 | 수와 연산 |

과일 가게의 사과의 수는 배의 수의 $\dfrac{2}{6}$ 이고, 복숭아의 수는 사과의 수의 $\dfrac{3}{4}$ 입니다. 배가 48개일 때 사과, 복숭아는 각각 몇 개인지 분수막대를 이용하여 구해 보세요.

◉ 배의 개수를 이용하여 사과의 개수를 구해 보세요.

0   48개

➡ 사과의 개수: ☐ 개

◉ 사과의 개수를 이용하여 복숭아의 개수를 구해 보세요.

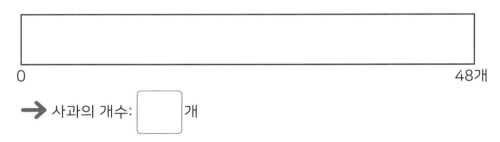

0

➡ 복숭아의 개수: ☐ 개

예빈이는 사탕 45개를 가지고 있었는데 그중의 $\dfrac{1}{5}$을 서현이에게 주었고, 서현이에게 주고 남은 것의 $\dfrac{2}{3}$를 하묘에게 주었습니다. 하묘에게 준 사탕은 몇 개인지 분수막대를 이용하여 구해 보세요.

◉ 서현이에게 준 사탕과 남은 사탕의 개수를 구해 보세요.

0   45개

➜ 서현이에게 준 사탕의 개수: ☐ 개

➜ 남은 사탕의 개수: ☐ 개

◉ 하묘에게 준 사탕의 개수를 구해 보세요.

0   ☐ 개

➜ 하묘에게 준 사탕의 개수: ☐ 개

정답 ▶ 92쪽

분수 구하기 | 수와 연산 |

<조건>을 만족하는 분수 $\dfrac{\blacktriangle}{\blacksquare}$ 를 분수막대로 나타내어 보세요.

조건
① 가분수입니다.
② 분모와 분자의 합은 23입니다.
③ 분자와 분모의 차는 7입니다.

⊙ 조건을 만족하는 분수를 구해 보세요.

→ 조건을 만족하는 분수는 [　　] 입니다.

⊙ 주어진 막대에 위에서 구한 분수를 단위분수로 나타내어 보세요.

→ 위에서 구한 분수는 단위분수 [　　] 이 [　　] 개입니다.

분자가 분모와 같거나 분모보다 큰 분수를 가분수라 하고,
자연수와 진분수로 이루어진 분수를 대분수라고 해요.

◉ 왼쪽에서 구한 분수를 대분수로 나타내어 보세요.

➔ 가분수 [   ] 에서 $\frac{8}{8}$ 은 자연수 [   ] 을/를 나타내고, 나머지

[   ] 은/는 진분수로 나타내어 대분수 [   ] (으)로 나타낼

수 있습니다.

◉ 주어진 막대에 위에서 구한 대분수를 분수막대로 나타내어 보세요.

[   ]

[   ]

➔ 자연수 부분은 1 분수막대 [   ] 개로 나타낼 수 있고, 진분수 부분

은 [   ] 분수막대 [   ] 개로 나타낼 수 있습니다.

정답 ▶ 93쪽

공이 움직인 거리 | 수와 연산 |

탱탱볼을 64 m 높이에서 떨어뜨렸더니 떨어뜨린 높이의 $\frac{3}{8}$만큼 튀어 올랐습니다. 첫 번째로 튀어 오를 때까지 공이 움직인 거리는 몇 m인지 분수막대를 이용하여 구해 보세요.

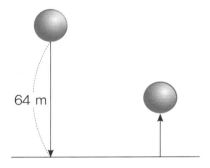

64 m

◉ 첫 번째로 튀어 오른 공의 높이를 구해 보세요.

0   64 (m)

→ 첫 번째로 튀어 오른 공의 높이: ☐ m

◉ 첫 번째로 튀어 오를 때까지 공이 움직인 거리를 구해 보세요.

떨어뜨린 높이의 $\dfrac{4}{9}$ 만큼 튀어 오르는 공이 있습니다. 이 공을 81 m 높이에서 떨어뜨렸을 때 두 번째로 튀어 오를 때까지 공이 움직인 거리는 몇 m인지 분수막대를 이용하여 구해 보세요.

◉ 첫 번째로 튀어 오른 공의 높이를 구해 보세요.

0   81 (m)

➡ 첫 번째로 튀어 오른 공의 높이: ☐ m

◉ 두 번째로 튀어 오른 공의 높이를 구해 보세요.

0

☐ (m)

➡ 두 번째로 튀어 오른 공의 높이: ☐ m

◉ 두 번째로 튀어 오를 때까지 공이 움직인 거리를 구해 보세요.

Unit

05

진분수의 계산

| 수와 연산 |

진분수의 계산 방법을 알아봐요!

진분수의 계산 | 수와 연산 |

그림을 보고 빈칸에 알맞은 수를 써넣어 보세요.

⊙ $\dfrac{3}{5} + \dfrac{4}{5}$

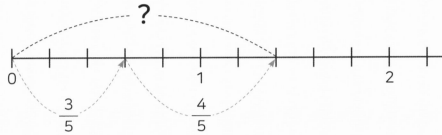

$$\dfrac{3}{5} + \dfrac{4}{5} = \dfrac{\boxed{} + \boxed{}}{5} = \dfrac{\boxed{}}{5} = \boxed{}\dfrac{\boxed{}}{5}$$

⊙ $1 - \dfrac{1}{7}$

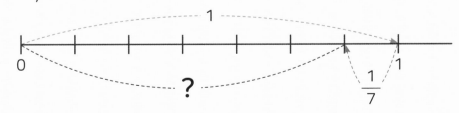

$$1 - \dfrac{1}{7} = \dfrac{\boxed{}}{7} - \dfrac{\boxed{}}{7} = \dfrac{\boxed{} - \boxed{}}{7} = \dfrac{\boxed{}}{7}$$

분모가 9인 진분수 중에서 가장 큰 진분수와 가장 작은 진분수의 합과 차를 구해 보세요.

◉ 빈칸에 알맞은 수식과 수를 써넣어 보세요.

➜ 분모가 ■일 때 가장 큰 진분수는 분자가 [   ]일 때이고,

가장 작은 진분수는 분자가 [   ]일 때입니다.

◉ 분수막대를 이용하여 만들 수 있는 가장 큰 진분수를 구해 보세요.

➜

◉ 분수막대를 이용하여 만들 수 있는 가장 작은 진분수를 구해 보세요.

➜

◉ 위에서 만든 두 진분수의 합과 차를 구해 보세요.

정답 ➤ 94쪽

02 두 분수의 합 | 수와 연산 |

분수막대를 이용하여 자연수 1을 두 분수의 합으로 나타내어 보세요.

1

⊙ $\dfrac{1}{2} + \boxed{} = 1$

⊙ $\dfrac{1}{4} + \boxed{} = 1$

⊙ $\dfrac{3}{5} + \boxed{} = 1$

분수막대를 이용하여 ■가 될 수 있는 있는 수를 모두 구해 보세요.

$$\frac{2}{6} + \frac{■}{6} < 1$$

◉ $\frac{2}{6}$를 나타내어 보세요.

◉ 1을 분모가 6인 분수로 나타내어 보세요.

◉ ■가 될 수 있는 수를 모두 구해 보세요.

03 두 분수의 합과 차 | 수와 연산 |

분모가 6인 진분수가 2개 있습니다. 합이 $\dfrac{5}{6}$, 차가 $\dfrac{1}{6}$인 두 진분수를 구해 보세요.

◉ 두 진분수의 합을 분수막대를 이용하여 나타내어 보세요.

◉ 두 진분수의 차를 분수막대를 이용하여 나타내어 보세요.

◉ 두 진분수를 구해 보세요.

➜ 두 진분수의 (분자 , 분모)가 같으므로 합이 $\boxed{}$ 이고,

차가 $\boxed{}$ 인 두 진분수의 (분자 , 분모)를 찾습니다.

$\boxed{}$ + $\boxed{}$ = $\boxed{}$, $\boxed{}$ – $\boxed{}$ = $\boxed{}$ 이므로

두 진분수의 분자는 $\boxed{}$, $\boxed{}$ 입니다.

따라서 두 진분수는 $\boxed{}$, $\boxed{}$ 입니다.

5장의 숫자카드 중에서 2장을 골라 만들 수 있는 분수 중에서 분모가 8인 가장 큰 진분수와 가장 작은 진분수의 합과 차를 구해 보세요.

$$\boxed{2} \quad \boxed{4} \quad \boxed{7} \quad \boxed{8} \quad \boxed{9}$$

 만들 수 있는 가장 큰 진분수를 분수막대를 이용하여 나타내어 보세요.

→

 만들 수 있는 가장 작은 진분수를 분수막대를 이용하여 나타내어 보세요.

→

⊙ 위에서 만든 두 진분수의 합과 차를 구해 보세요.

세 분수의 합 | 수와 연산 |

분수막대를 이용하여 주어진 분수를 나타내고, 합이 1이 되는 세 분수를 골라 보세요.

$$\frac{6}{8} \quad \frac{3}{8} \quad \frac{4}{8} \quad \frac{1}{8}$$

$\frac{6}{8}$

$\frac{3}{8}$

$\frac{4}{8}$

$\frac{1}{8}$

→ ☐ + ☐ + ☐ = 1

$\dfrac{3}{10}$

$\dfrac{5}{10}$

$\dfrac{7}{10}$

$\dfrac{2}{10}$

➜ □ + □ + □ = 1

소수 두 자리 수

| 수와 연산 |

소수 두 자리 수에 대해 알아봐요!

소수 두 자리 수 | 수와 연산 |

전체 크기가 1인 모눈종이에 색칠된 부분을 보고 색칠된 부분의 크기를 분수와 소수로 각각 나타내어 보세요.

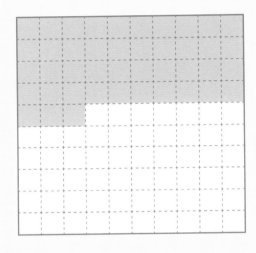

색칠된 칸의 수

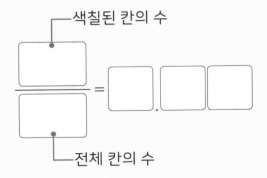

전체 칸의 수

분수 $\dfrac{1}{4}$을 소수 두 자리 수로 나타내어 보세요.

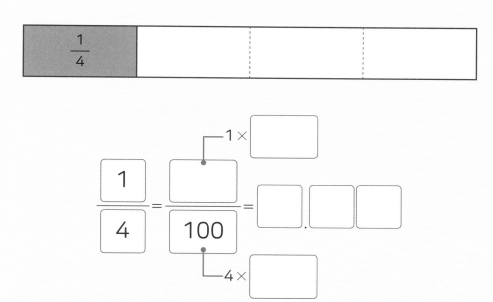

소수 1.65의 자릿값과 나타내는 수를 빈칸에 써넣어 보세요.

구분	일의 자리		소수 첫째 자리	소수 둘째 자리
숫자	1	.		
나타내는 수			0.6	

정답 ≫ 96쪽

02 소수 나타내기 ① | 수와 연산 |

1칸의 크기가 $\dfrac{1}{10}$ 분수막대와 같은 모눈종이에 서로 다른 종류의 분수막대 4개를 올려놓았습니다. 모눈종이 전체에 대해 분수막대를 올려놓은 부분의 크기를 소수로 나타내어 보세요. (단, 모눈종이 전체의 크기는 1입니다.)

1

$\dfrac{1}{2}$

$\dfrac{1}{5}$

$\dfrac{1}{10}$

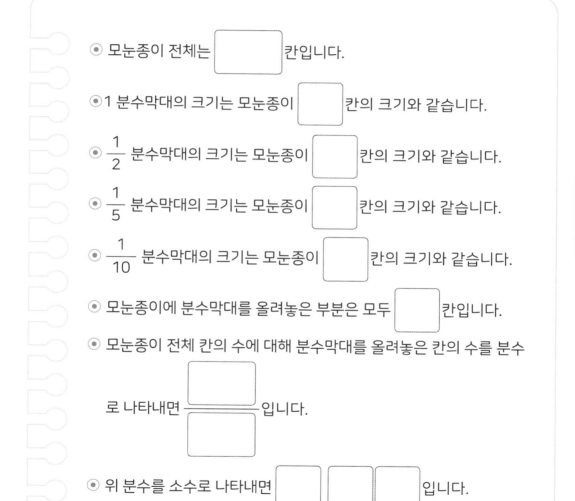

안쌤 Tip

왼쪽 모눈종이 1칸이 나타내는 수는 0.01이에요.

◉ 모눈종이 전체는 ☐ 칸입니다.

◉ 1 분수막대의 크기는 모눈종이 ☐ 칸의 크기와 같습니다.

◉ $\dfrac{1}{2}$ 분수막대의 크기는 모눈종이 ☐ 칸의 크기와 같습니다.

◉ $\dfrac{1}{5}$ 분수막대의 크기는 모눈종이 ☐ 칸의 크기와 같습니다.

◉ $\dfrac{1}{10}$ 분수막대의 크기는 모눈종이 ☐ 칸의 크기와 같습니다.

◉ 모눈종이에 분수막대를 올려놓은 부분은 모두 ☐ 칸입니다.

◉ 모눈종이 전체 칸의 수에 대해 분수막대를 올려놓은 칸의 수를 분수

　로 나타내면 $\dfrac{\boxed{}}{\boxed{}}$ 입니다.

◉ 위 분수를 소수로 나타내면 ☐.☐☐ 입니다.

Unit
06

소수 나타내기 ② | 수와 연산 |

조건을 만족하는 소수를 구하고, 구한 소수를 나타내어 보세요.

조건

① 소수 두 자리 수입니다.

② 소수 각 자리의 숫자는 서로 다릅니다.

③ 일의 자리 숫자와 소수 첫째 자리 숫자의 합은 3입니다.

④ 소수 첫째 자리 수는 $\dfrac{1}{10}$이 3개입니다.

⑤ 소수 첫째 자리 숫자와 소수 둘째 자리 숫자의 합은 9입니다.

◉ 조건을 만족하는 소수를 ■.▲●라고 합니다.

◉ ■ + ▲ = ☐ 입니다.

◉ $\dfrac{1}{10}$이 3개이므로 ■ = ☐ 이고, ▲ = ☐ 입니다.

◉ ▲ + ● = ☐ 이므로 ● = ☐ 입니다.

→ 조건을 만족하는 소수는 ☐.☐☐ 입니다.

◉ 전체 크기가 1인 모눈종이에 왼쪽에서 구한 소수를 색칠해 나타내어 보세요.

정답 » 97쪽

소수 나타내기 ③ | 수와 연산 |

조건을 만족하는 소수를 구하고, 구한 소수를 나타내어 보세요.

조건

① ■.▲● 모양의 소수입니다.

② 각 자리의 숫자는 서로 다릅니다.

③ 0보다 크고 1보다 작습니다.

④ 일의 자리 숫자와 소수 첫째 자리 숫자의 차는 3입니다.

⑤ 소수 둘째 자리 수는 $\dfrac{1}{100}$이 4개입니다.

⑥ 각 자리의 숫자의 합은 7 입니다.

→ 조건을 만족하는 소수는 ☐.☐☐ 입니다.

◉ 전체 크기가 1인 모눈종이에 왼쪽에서 구한 소수를 색칠해 나타내어 보세요.

정답 ▶ 97쪽

크기가 같은 분수

| 수와 연산 |

01 크기가 같은 분수 ㅣ 수와 연산 ㅣ

주어진 분수막대를 보고 $\dfrac{1}{3}$과 크기가 같은 분수를 모두 찾아보세요.

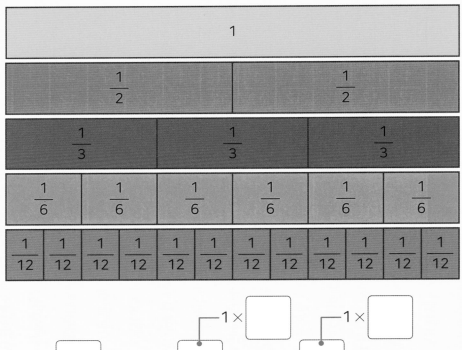

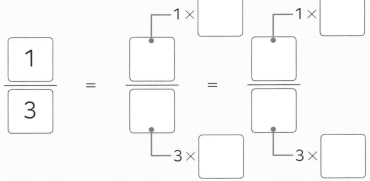

→ 분모와 분자에 0이 아닌 같은 수를 [ ] 하면 크기가 같은 분수가 됩니다.

주어진 분수막대를 보고 $\dfrac{6}{12}$과 크기가 같은 분수를 모두 찾아보세요.

1											

| $\frac{1}{12}$ | $\frac{1}{12}$ | $\frac{1}{12}$ | $\frac{1}{12}$ | $\frac{1}{12}$ | $\frac{1}{12}$ | $\frac{1}{12}$ | $\frac{1}{12}$ | $\frac{1}{12}$ | $\frac{1}{12}$ | $\frac{1}{12}$ | $\frac{1}{12}$ |

| $\frac{1}{6}$ | | $\frac{1}{6}$ | | $\frac{1}{6}$ | | $\frac{1}{6}$ | | $\frac{1}{6}$ | | $\frac{1}{6}$ | |

| $\frac{1}{4}$ | | | $\frac{1}{4}$ | | | $\frac{1}{4}$ | | | $\frac{1}{4}$ | | |

| $\frac{1}{2}$ | | | | | | $\frac{1}{2}$ | | | | | |

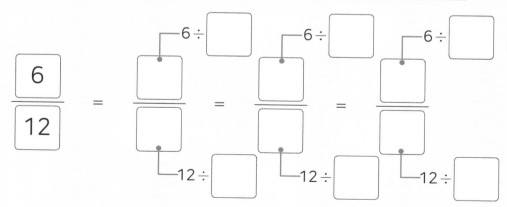

$$\dfrac{6}{12} = \dfrac{6\div\square}{12\div\square} = \dfrac{6\div\square}{12\div\square} = \dfrac{6\div\square}{12\div\square}$$

➡ 분모와 분자에 0이 아닌 같은 수를 □면 크기가 같은 분수가 됩니다.

정답 ❯❯ 98쪽

분수로 나타내기 | 수와 연산 |

주어진 분수막대 중에서 같은 색의 분수막대 2개를 고른 것입니다. 이것을 분수로 나타내고, 나타낸 분수와 크기가 같은 분수를 찾아보세요.

| $\frac{1}{2}$ | | $\frac{1}{2}$ | |

| $\frac{1}{3}$ | $\frac{1}{3}$ | $\frac{1}{3}$ |

| $\frac{1}{4}$ | $\frac{1}{4}$ | $\frac{1}{4}$ | $\frac{1}{4}$ |

| $\frac{1}{5}$ | $\frac{1}{5}$ | $\frac{1}{5}$ | $\frac{1}{5}$ | $\frac{1}{5}$ |

| $\frac{1}{6}$ | $\frac{1}{6}$ | $\frac{1}{6}$ | $\frac{1}{6}$ | $\frac{1}{6}$ | $\frac{1}{6}$ |

| $\frac{1}{8}$ | $\frac{1}{8}$ | $\frac{1}{8}$ | $\frac{1}{8}$ | $\frac{1}{8}$ | $\frac{1}{8}$ | $\frac{1}{8}$ | $\frac{1}{8}$ |

| $\frac{1}{10}$ | $\frac{1}{10}$ | $\frac{1}{10}$ | $\frac{1}{10}$ | $\frac{1}{10}$ | $\frac{1}{10}$ | $\frac{1}{10}$ | $\frac{1}{10}$ | $\frac{1}{10}$ | $\frac{1}{10}$ |

↓

| $\frac{1}{3}$ | $\frac{1}{3}$ | |

◉ 나타낸 분수: ◉ 크기가 같은 분수:

왼쪽 분수막대 중에서 같은 색의 분수막대를 주어진 개수만큼 고른 후 진분수로 나타내어 보세요. 또, 나타낸 진분수와 크기가 같은 분수를 각각 찾아보세요.

◉ 같은 색의 분수막대 3개

→ 나타낸 분수:

→ 크기가 같은 분수:

◉ 같은 색의 분수막대 5개

→ 나타낸 분수:

→ 크기가 같은 분수:

03 분수의 덧셈 | 수와 연산 |

주어진 분수막대를 이용하여 $\dfrac{3}{5} + \dfrac{1}{2}$ 을 계산해 보세요.

1											

| $\dfrac{1}{2}$ | | | | | | $\dfrac{1}{2}$ | | | | | |

| $\dfrac{1}{3}$ | | | | $\dfrac{1}{3}$ | | | | $\dfrac{1}{3}$ | | | |

| $\dfrac{1}{4}$ | | | $\dfrac{1}{4}$ | | | $\dfrac{1}{4}$ | | | $\dfrac{1}{4}$ | | |

| $\dfrac{1}{5}$ | | $\dfrac{1}{5}$ | | $\dfrac{1}{5}$ | | $\dfrac{1}{5}$ | | $\dfrac{1}{5}$ | | | |

| $\dfrac{1}{6}$ | | $\dfrac{1}{6}$ | | $\dfrac{1}{6}$ | | $\dfrac{1}{6}$ | | $\dfrac{1}{6}$ | | $\dfrac{1}{6}$ | |

| $\dfrac{1}{8}$ | $\dfrac{1}{8}$ | $\dfrac{1}{8}$ | $\dfrac{1}{8}$ | $\dfrac{1}{8}$ | $\dfrac{1}{8}$ | $\dfrac{1}{8}$ | $\dfrac{1}{8}$ | | | | |

| $\dfrac{1}{10}$ | $\dfrac{1}{10}$ | $\dfrac{1}{10}$ | $\dfrac{1}{10}$ | $\dfrac{1}{10}$ | $\dfrac{1}{10}$ | $\dfrac{1}{10}$ | $\dfrac{1}{10}$ | $\dfrac{1}{10}$ | $\dfrac{1}{10}$ | | |

| $\dfrac{1}{12}$ | $\dfrac{1}{12}$ | $\dfrac{1}{12}$ | $\dfrac{1}{12}$ | $\dfrac{1}{12}$ | $\dfrac{1}{12}$ | $\dfrac{1}{12}$ | $\dfrac{1}{12}$ | $\dfrac{1}{12}$ | $\dfrac{1}{12}$ | $\dfrac{1}{12}$ | $\dfrac{1}{12}$ |

분모가 서로 다른 분수끼리 더하거나 빼려면 분모를 같게 만들어야 합니다. 이것을 통분이라고 해요.

◉ 왼쪽 분수막대를 보고 $\dfrac{3}{5}$과 크기가 같은 분수를 찾아보세요.

$$\dfrac{3}{5} = \dfrac{\boxed{}}{\boxed{}}$$

◉ 왼쪽 분수막대를 보고 $\dfrac{1}{2}$과 크기가 같은 분수를 모두 찾아보세요.

$$\dfrac{1}{2} = \dfrac{\boxed{}}{\boxed{}} = \dfrac{\boxed{}}{\boxed{}} = \dfrac{\boxed{}}{\boxed{}} = \dfrac{\boxed{}}{\boxed{}} = \dfrac{\boxed{}}{\boxed{}}$$

Unit
07

◉ 위에서 찾은 분수 중 분모가 서로 같은 분수를 이용하여 $\dfrac{3}{5} + \dfrac{1}{2}$을 계산해 보세요.

정답 ≫ 99쪽

분수의 뺄셈 | 수와 연산 |

주어진 분수막대를 이용하여 분수의 뺄셈을 계산해 보세요.

1			
$\dfrac{1}{2}$		$\dfrac{1}{2}$	
$\dfrac{1}{4}$	$\dfrac{1}{4}$	$\dfrac{1}{4}$	$\dfrac{1}{4}$

⊙ $1\dfrac{1}{4} - \dfrac{1}{2}$ 을 계산하려고 합니다. $1\dfrac{1}{4}$ 과 $\dfrac{1}{2}$ 을 분수막대로 각각 나타내어 보세요.

$1\dfrac{1}{4}$

$\dfrac{1}{2}$

◉ 왼쪽에서 나타낸 분수막대를 보고, $1\dfrac{1}{4} - \dfrac{1}{2}$의 값을 구해 보세요.

◉ 분수막대를 이용하여 $1\dfrac{1}{2} - \dfrac{3}{4}$의 값을 구해 보세요.

Unit
07

정답 ▶ 99쪽

모양 만들기

| 문제 해결 |

분수막대로 **모양**을 만들어 봐요!

1 만들기 ┃ 문제 해결 ┃

다음은 서로 다른 종류의 분수막대 3개를 이용하여 1과 크기가 같은 막대를 만든 것입니다.

$\frac{1}{2}$	$\frac{1}{2}$

$\frac{1}{3}$	$\frac{1}{3}$	$\frac{1}{3}$

$\frac{1}{4}$	$\frac{1}{4}$	$\frac{1}{4}$	$\frac{1}{4}$

$\frac{1}{5}$	$\frac{1}{5}$	$\frac{1}{5}$	$\frac{1}{5}$	$\frac{1}{5}$

$\frac{1}{6}$	$\frac{1}{6}$	$\frac{1}{6}$	$\frac{1}{6}$	$\frac{1}{6}$	$\frac{1}{6}$

$\frac{1}{8}$	$\frac{1}{8}$	$\frac{1}{8}$	$\frac{1}{8}$	$\frac{1}{8}$	$\frac{1}{8}$	$\frac{1}{8}$	$\frac{1}{8}$

$\frac{1}{10}$	$\frac{1}{10}$	$\frac{1}{10}$	$\frac{1}{10}$	$\frac{1}{10}$	$\frac{1}{10}$	$\frac{1}{10}$	$\frac{1}{10}$	$\frac{1}{10}$	$\frac{1}{10}$

↓

$\frac{1}{2}$	$\frac{1}{3}$	$\frac{1}{6}$

● 왼쪽의 분수막대를 3종류 이상 이용하여 1과 크기가 같은 막대를 만들어 보세요. (단, 분수막대의 개수는 다양하게 이용할 수 있습니다.)

1

| $\frac{1}{2}$ | |

| $\frac{1}{2}$ | |

| $\frac{1}{3}$ | |

| $\frac{1}{3}$ | |

| $\frac{1}{3}$ | |

정답 ▶ 100쪽

02 분수막대 찾기 | 문제 해결 |

분수막대를 이용하여 다음과 같은 모양의 직사각형을 만들려고 합니다. 빈칸에 들어갈 알맞은 분수막대를 찾아보세요.

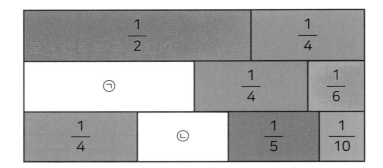

⊙ 각 줄을 이루는 분수막대의 길이의 합은 직사각형의 가로의 길이와 같습니다.

⊙ 각 줄에는 모두 [   ] 분수막대가 있습니다. 이 분수막대를 제외한 나머지 부분의 분수막대의 길이의 합이 같아야 합니다.

⊙ 첫 번째 줄과 두 번째 줄에서 [   ] = ㉠ + [   ] 이라는 것을 알 수 있습니다.

● ㉠의 길이는 ☐ − ☐ 이므로 두 분수의 분모를 통분하여

값을 구하면 ☐ − ☐ = ☐ = ☐ 입니다.

● 첫 번째 줄과 세 번째 줄에서 ☐ = ㉡ + ☐ + ☐ 이라

는 것을 알 수 있습니다.

● ㉡의 길이는 ☐ − ☐ − ☐ 이므로 세 분수의 분모를

통분하여 값을 구하면

☐ − ☐ − ☐ = ☐ = ☐ 입니다.

정답 ≫ 100쪽

직사각형 만들기 | 문제 해결 |

분수막대를 이용하여 다음과 같은 모양의 직사각형을 만들려고 합니다. 각 줄의 빈칸에 2개 이상의 분수막대를 놓아 직사각형을 완성해 보세요.

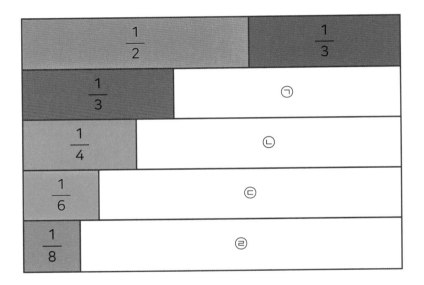

◉ 빈칸에 알맞은 수를 쓰고, ㉠에 2개 이상의 분수막대를 놓아 보세요.

→ ㉠의 길이는 ☐ 입니다.

◉ 빈칸에 알맞은 수를 쓰고, ⓒ에 2개 이상의 분수막대를 놓아 보세요.

→ $\dfrac{1}{2}$ 분수막대의 길이는 $\dfrac{1}{4}$ 분수막대 ☐ 개의 길이의 합과 같습니다.

◉ ⓒ에 2개 이상의 분수막대를 놓아 보세요.

◉ ⓓ에 2개 이상의 분수막대를 놓아 보세요.

? 분수막대를 이용하여 가로의 길이가 다음과 같은 직사각형을 1가지 만들어 보세요.

$\dfrac{1}{2}$	$\dfrac{1}{6}$

모양 만들기 | 문제 해결 |

각 줄의 빈칸에 <규칙>에 맞게 알맞은 분수막대를 놓아 제시된 모양을 만들어 보세요.

① $\frac{1}{2}$, $\frac{1}{3}$, $\frac{1}{4}$, $\frac{1}{5}$, $\frac{1}{6}$, $\frac{1}{10}$ 분수막대만 올려놓을 수 있습니다.

② $\frac{1}{2}$ 분수막대는 최대 2개, $\frac{1}{3}$ 분수막대는 최대 3개, …, $\frac{1}{10}$ 분수막대는 최대 10개까지 올려놓을 수 있습니다.

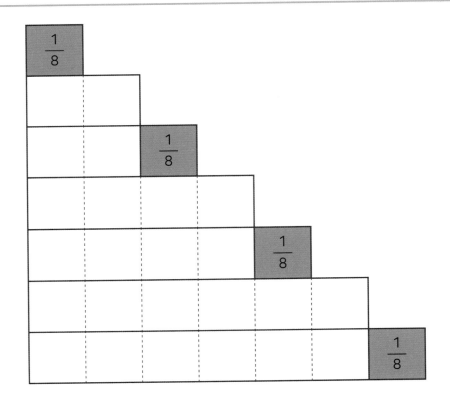

<table>
<tr><td>규칙</td><td>
① $\frac{1}{2}$, $\frac{1}{3}$, $\frac{1}{4}$, $\frac{1}{5}$, $\frac{1}{6}$, $\frac{1}{8}$ 분수막대만 올려놓을 수 있습니다.

② $\frac{1}{2}$, $\frac{1}{3}$, $\frac{1}{4}$, $\frac{1}{5}$, $\frac{1}{6}$, $\frac{1}{8}$ 분수막대를 모두 1개 이상 사용해야 합니다.

③ $\frac{1}{2}$ 분수막대는 최대 2개, $\frac{1}{3}$ 분수막대는 최대 3개, …, $\frac{1}{8}$ 분수막대는 최대 8개까지 올려놓을 수 있습니다.
</td></tr>
</table>

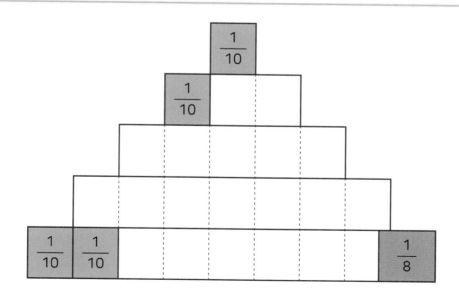

정답

확인해 볼까요?

06 ~ 07 페이지

Unit 01
01 분수 알아보기 | 수와 연산 |

색칠한 부분은 전체의 얼마인지 알아보세요.

⊙ 색칠한 부분은 전체의 얼마인지 빈칸에 써넣어 보세요.

색칠한 부분은 전체를 똑같이 2 (으)로 나눈 것 중의 1 입니다.

색칠한 부분은 전체를 똑같이 4 (으)로 나눈 것 중의 3 입니다.

⊙ 왼쪽 사각형을 똑같이 여러 개로 나누고 일부분을 색칠한 후, 색칠한 부분이 전체의 얼마인지 나타내어 보세요.

예 색칠한 부분은 전체를 똑같이 3 (으)로 나눈 것 중의 2 입니다.

전체를 똑같이 나눈 것 중의 일부를 수로 나타내는 방법을 알아보세요.

• 전체를 나타내는 수는 1 입니다.

• 전체를 똑같이 2로 나누는 것 중의 1을 $\dfrac{1}{2}$ (이)라고 쓰고,

2 분의 1 (이)라고 읽습니다.

• 위와 같이 전체에 대한 부분을 나타내는 수를 분수 (이)라고 합니다.

• 위의 분수에서 2를 분모 , 1을 분자 (이)라고 합니다.

• 분수에서 전체를 나타내는 것은 ((분모) , 분자)이고, 부분을 나타내는 것은 (분모 , (분자))입니다.

정답 ○ 86쪽

6 분수막대 퍼즐

01 분수 ① 7

---

08 ~ 09 페이지

Unit 01
02 분수막대 만들기 | 수와 연산 |

크기가 1인 막대를 이용하여 다양한 분수막대를 만들어 보세요.

※ 분수막대 만들기7(103쪽)을 학습에 활용해 보세요.

방법
① 첫 번째 막대에는 막대가 나타내는 수인 1을 표시합니다.
② 두 번째 막대는 전체를 똑같이 2등분하고, 각각의 막대가 나타내는 수를 분수로 표시한 후 색칠합니다.
③ 세 번째 막대는 전체를 똑같이 3등분하고, 각각의 막대가 나타내는 수를 분수로 표시한 후 색칠합니다.
④ ②~③과 같은 방법으로 다양한 분수막대를 만듭니다.

⊙ 첫 번째

1

⊙ 두 번째

$\frac{1}{2}$	$\frac{1}{2}$

⊙ 세 번째

$\frac{1}{3}$	$\frac{1}{3}$	$\frac{1}{3}$

알쏭 Tip
이 책에서는 1을 표시한 분수막대를 1 분수막대, $\frac{1}{2}$ 를 표시한 분수막대를 $\frac{1}{2}$ 분수막대, $\frac{1}{3}$ 을 표시한 분수막대를 $\frac{1}{3}$ 분수막대, … 라고 해요.

⊙ 네 번째

예

$\frac{1}{4}$	$\frac{1}{4}$	$\frac{1}{4}$	$\frac{1}{4}$

⊙ 다섯 번째

예

$\frac{1}{5}$	$\frac{1}{5}$	$\frac{1}{5}$	$\frac{1}{5}$	$\frac{1}{5}$

⊙ 여섯 번째

예

$\frac{1}{6}$	$\frac{1}{6}$	$\frac{1}{6}$	$\frac{1}{6}$	$\frac{1}{6}$	$\frac{1}{6}$

⊙ 일곱 번째

예

$\frac{1}{7}$	$\frac{1}{7}$	$\frac{1}{7}$	$\frac{1}{7}$	$\frac{1}{7}$	$\frac{1}{7}$	$\frac{1}{7}$

⊙ 여덟 번째

예

$\frac{1}{8}$	$\frac{1}{8}$	$\frac{1}{8}$	$\frac{1}{8}$	$\frac{1}{8}$	$\frac{1}{8}$	$\frac{1}{8}$	$\frac{1}{8}$

정답 ○ 86쪽

8 분수막대 퍼즐

01 분수 ① 9

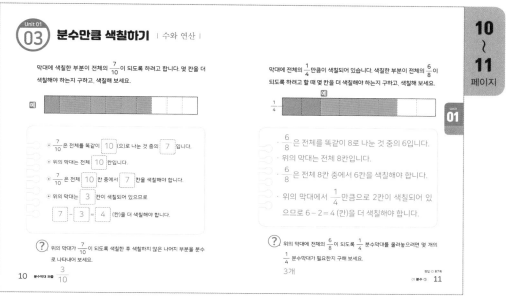

Unit 01
03 분수만큼 색칠하기 | 수와 연산 |

막대에 색칠한 부분이 전체의 $\frac{7}{10}$이 되도록 하려고 합니다. 몇 칸을 더 색칠해야 하는지 구하고, 색칠해 보세요.

예

- $\frac{7}{10}$은 전체를 똑같이 [10] (으)로 나눈 것 중의 [7] 입니다.
- 위의 막대는 전체 [10] 칸입니다.
- $\frac{7}{10}$은 전체 [10] 칸 중에서 [7] 칸을 색칠해야 합니다.
- 위의 막대는 [3] 칸이 색칠되어 있으므로

  [7] - [3] = [4] (칸)을 더 색칠해야 합니다.

(?) 위의 막대가 $\frac{7}{10}$이 되도록 색칠한 후 색칠하지 않은 나머지 부분을 분수로 나타내어 보세요.

$\frac{3}{10}$

10 분수막대 퍼즐

막대에 전체의 $\frac{1}{4}$만큼이 색칠되어 있습니다. 색칠한 부분이 전체의 $\frac{6}{8}$이 되도록 하려고 할 때 몇 칸을 더 색칠해야 하는지 구하고, 색칠해 보세요.

$\frac{1}{4}$ 예

- $\frac{6}{8}$은 전체를 똑같이 8로 나눈 것 중의 6입니다.
- 위의 막대는 전체 8칸입니다.
- $\frac{6}{8}$은 전체 8칸 중에서 6칸을 색칠해야 합니다.
- 위의 막대에서 $\frac{1}{4}$만큼으로 2칸이 색칠되어 있으므로 6 - 2 = 4 (칸)을 더 색칠해야 합니다.

(?) 위의 막대에 전체의 $\frac{6}{8}$이 되도록 $\frac{1}{4}$ 분수막대를 올려놓으려면 몇 개의 $\frac{1}{4}$ 분수막대가 필요한지 구해 보세요.

3개

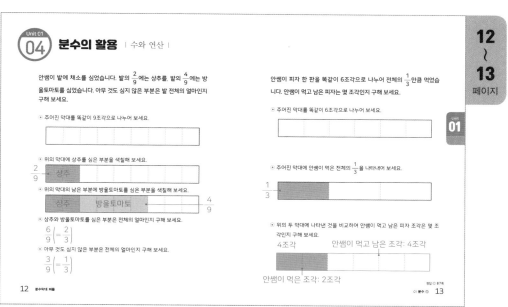

Unit 01
04 분수의 활용 | 수와 연산 |

안쌤이 밭에 채소를 심었습니다. 밭의 $\frac{2}{9}$에는 상추를, 밭의 $\frac{4}{9}$에는 방울토마토를 심었습니다. 아무 것도 심지 않은 부분은 밭 전체의 얼마인지 구해 보세요.

- 주어진 막대를 똑같이 9조각으로 나누어 보세요.

- 위의 막대에 상추를 심은 부분을 색칠해 보세요.

  $\frac{2}{9}$ 상추

- 위의 막대의 남은 부분에 방울토마토를 심은 부분을 색칠해 보세요.

  상추   방울토마토 $\frac{4}{9}$

- 상추와 방울토마토를 심은 부분은 전체의 얼마인지 구해 보세요.

  $\frac{6}{9}\left(=\frac{2}{3}\right)$

- 아무 것도 심지 않은 부분은 전체의 얼마인지 구해 보세요.

  $\frac{3}{9}\left(=\frac{1}{3}\right)$

12 분수막대 퍼즐

안쌤이 피자 한 판을 똑같이 6조각으로 나누어 전체의 $\frac{1}{3}$만큼 먹었습니다. 안쌤이 먹고 남은 피자는 몇 조각인지 구해 보세요.

- 주어진 막대를 똑같이 6조각으로 나누어 보세요.

- 주어진 막대에 안쌤이 먹은 전체의 $\frac{1}{3}$을 나타내어 보세요.

  $\frac{1}{3}$

- 위의 두 막대에 나타낸 것을 비교하여 안쌤이 먹고 남은 피자 조각은 몇 조각인지 구해 보세요.

  4조각   안쌤이 먹고 남은 조각: 4조각

  안쌤이 먹은 조각: 2조각

02 분수의 크기 | 수와 연산 |

Unit 02 01 분수의 크기 | 수와 연산 |

두 분수의 크기를 비교해 보세요.

⊙ 주어진 도형에 각각 $\frac{3}{4}$과 $\frac{2}{4}$만큼 색칠해 보세요.

예 $\frac{3}{4}$　예 $\frac{2}{4}$

⊙ $\frac{3}{4}$은 $\frac{1}{4}$이 몇 개인지 써 보세요.

3개

⊙ $\frac{2}{4}$는 $\frac{1}{4}$이 몇 개인지 써 보세요.

2개

⊙ 두 분수의 크기를 비교하여 ◯안에 >, =, <를 알맞게 써넣어 보세요.

$\frac{3}{4}$ (>) $\frac{2}{4}$

주어진 도형에 분수만큼 색칠하고, 두 분수의 크기를 비교하여 ◯ 안에 >, =, <를 알맞게 써넣어 보세요.

예　예

$\frac{2}{6}$ (<) $\frac{4}{6}$

분수 중에서 분자가 1인 분수를 단위분수라고 합니다. 수직선 위에 주어진 단위분수만큼 나타내어 보고, 두 단위분수의 크기를 비교하여 ◯ 안에 >, =, <를 알맞게 써넣어 보세요.

$\frac{1}{4}$ (>) $\frac{1}{6}$

16 분수막대 퍼즐

정답 ⊙ 88쪽

02 분수의 크기 17

Unit 02 02 크기 비교하기 ① | 수와 연산 |

밭의 $\frac{4}{10}$에는 배추를 심고, $\frac{6}{10}$에는 무를 심었습니다. 분수막대를 이용하여 어느 것을 심은 밭의 넓이가 더 넓은지 구해 보세요.

⊙ 주어진 막대에 배추를 심은 부분의 넓이를 나타내어 보세요.

→ $\frac{4}{10}$는 $\frac{1}{10}$이 $\boxed{4}$ 개입니다.

⊙ 주어진 막대에 무를 심은 부분의 넓이를 나타내어 보세요.

→ $\frac{6}{10}$은 $\frac{1}{10}$이 $\boxed{6}$ 개입니다.

⊙ 위의 두 막대에 나타낸 것을 비교하여 어느 것을 심은 밭의 넓이가 넓은지 구해 보세요.

무

18 분수막대 퍼즐

도화지의 $\frac{4}{12}$에는 빨간색을, $\frac{3}{12}$에는 노란색을, 나머지 부분에는 파란색을 칠했습니다. 가장 많은 부분을 칠한 색을 구해 보세요.

⊙ 주어진 막대를 알맞은 개수의 조각으로 똑같이 나누어 보세요.

→ $\frac{4}{12}$와 $\frac{3}{12}$의 분모인 $\boxed{12}$ 조각으로 똑같이 나누어야 합니다.

⊙ 파란색을 칠한 부분은 전체의 얼마인지 구해 보세요.

→ 파란색을 칠한 부분은 전체를 똑같이 $\boxed{12}$ 조각으로 나눈 것 중의

$\boxed{12} - \boxed{4} - \boxed{3} = \boxed{5}$ 이므로 전체의 $\frac{5}{12}$입니다.

⊙ 위의 막대에 빨간색, 노란색, 파란색을 알맞게 색칠하고, 가장 많은 부분을 칠한 색을 구해 보세요.

$\frac{3}{12}$　$\frac{5}{12}$

가장 많은 부분: 파란색

정답 ⊙ 88쪽

02 분수의 크기 19

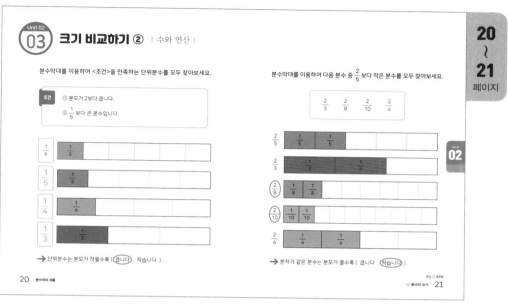

20 ~ 21 페이지

22 ~ 23 페이지

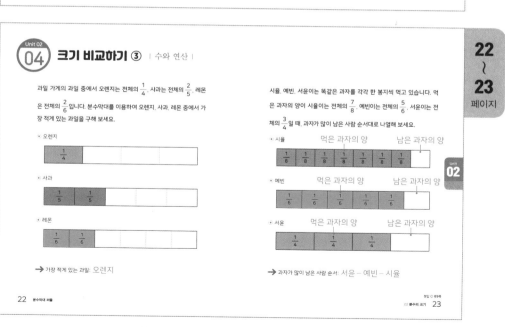

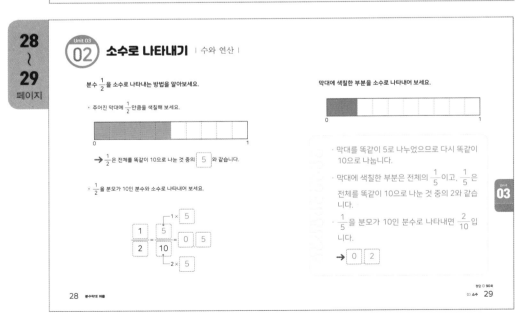

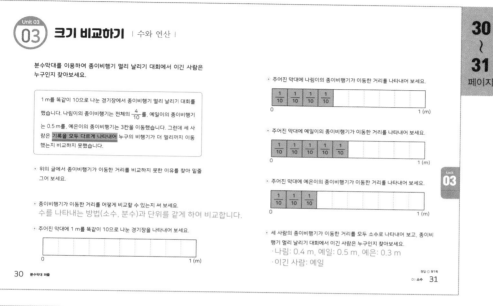

Unit 03

03 크기 비교하기 | 수와 연산 |

분수막대를 이용하여 종이비행기 멀리 날리기 대회에서 이긴 사람은 누구인지 찾아보세요.

> 1 m를 똑같이 10으로 나눈 경기장에서 종이비행기 멀리 날리기 대회를 했습니다. 나림이의 종이비행기는 전체의 $\frac{4}{10}$를, 예일이의 종이비행기는 0.5 m를, 예은이의 종이비행기는 3칸을 이동했습니다. 그런데 세 사람은 **기록을 모두 다르게 나타내어** 누구의 비행기가 더 멀리까지 이동했는지 비교하지 못했습니다.

• 위의 글에서 종이비행기가 이동한 거리를 비교하지 못한 이유를 찾아 밑줄 그어 보세요.

• 종이비행기가 이동한 거리를 어떻게 비교할 수 있는지 써 보세요.
  수를 나타내는 방법(소수, 분수)과 단위를 같게 하여 비교합니다.

• 주어진 막대에 1 m를 똑같이 10으로 나눈 경기장을 나타내어 보세요.

0 ──────────────── 1 (m)

• 주어진 막대에 나림이의 종이비행기가 이동한 거리를 나타내어 보세요.

• 주어진 막대에 예일이의 종이비행기가 이동한 거리를 나타내어 보세요.

• 주어진 막대에 예은이의 종이비행기가 이동한 거리를 나타내어 보세요.

• 세 사람의 종이비행기가 이동한 거리를 모두 소수로 나타내어 보고, 종이비행기 멀리 날리기 대회에서 이긴 사람은 누구인지 찾아보세요.
  · 나림: 0.4 m, 예일: 0.5 m, 예은: 0.3 m
  · 이긴 사람: 예일

30 분수막대 퍼즐

31 정답 ● 91쪽 · 소수

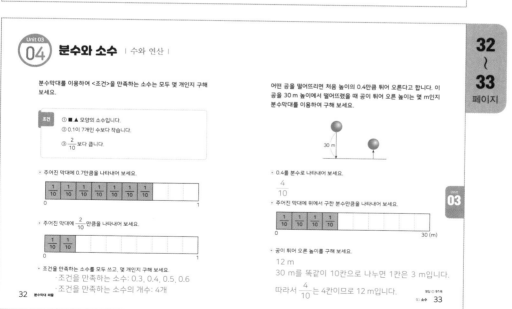

Unit 03

04 분수와 소수 | 수와 연산 |

분수막대를 이용하여 <조건>을 만족하는 소수는 모두 몇 개인지 구해 보세요.

> 조건
> ① ■.▲ 모양의 소수입니다.
> ② 0.1이 7개인 수보다 작습니다.
> ③ $\frac{2}{10}$보다 큽니다.

• 주어진 막대에 0.7만큼을 나타내어 보세요.

• 주어진 막대에 $\frac{2}{10}$만큼을 나타내어 보세요.

• 조건을 만족하는 소수를 모두 쓰고, 몇 개인지 구해 보세요.
  · 조건을 만족하는 소수: 0.3, 0.4, 0.5, 0.6
  · 조건을 만족하는 소수의 개수: 4개

어떤 공을 떨어뜨리면 처음 높이의 0.4만큼 튀어 오른다고 합니다. 이 공을 30 m 높이에서 떨어뜨렸을 때 공이 튀어 오른 높이는 몇 m인지 분수막대를 이용하여 구해 보세요.

30 m

• 0.4를 분수로 나타내어 보세요.
  $\frac{4}{10}$

• 주어진 막대에 위에서 구한 분수만큼을 나타내어 보세요.

0 ──────────────── 30 (m)

• 공이 튀어 오른 높이를 구해 보세요.
  12 m
  30 m를 똑같이 10칸으로 나누면 1칸은 3 m입니다.
  따라서 $\frac{4}{10}$는 4칸이므로 12 m입니다.

32 분수막대 퍼즐

33 정답 ● 91쪽 · 소수

분수 ② | 수와 연산 |

36 ~ 37 페이지

12 cm를 똑같이 3칸으로 나누면 1칸은 4 cm입니다.
즉, $\frac{1}{3}$은 4 cm 이므로 $\frac{2}{3}$ 는 8 cm입니다.

12 cm를 똑같이 4칸으로 나누면 1칸은 3 cm입니다.
즉, $\frac{1}{4}$ 은 3 cm 이므로 $\frac{3}{4}$ 은 9 cm입니다.

Unit 04 ① 분수 | 수와 연산 |

> 알아두기 Tip
> 분자가 분모보다 작은 분수를 진분수라고 해요.

12 cm의 종이띠를 보고 빈칸에 알맞은 수를 써넣어 보세요.

0 1 2 3 4 5 6 7 8 9 10 11 12 (cm)

- 12 cm의 $\frac{2}{3}$ 는 [8] cm입니다.
  $12 \div 3 = 4 \text{ (cm)}, \ 4 \times 2 = 8 \text{ (cm)}$

- 12 cm의 $\frac{3}{4}$ 은 [9] cm입니다.
  $12 \div 4 = 3 \text{ (cm)}, \ 3 \times 3 = 9 \text{ (cm)}$

시율이는 하루 24시간의 $\frac{3}{8}$ 은 잠을 잤고, $\frac{1}{4}$ 은 학교에서 생활했습니다. 잠을 잔 시간과 학교에서 생활한 시간을 각각 색칠한 후 구해 보세요.

잠을 잔 시간

학교에서 생활한 시간

- 잠을 잔 시간: [9] 시간
  $24 \div 8 = 3 \text{ (시간)}, \ 3 \times 3 = 9 \text{ (시간)}$
- 학교에서 생활한 시간: [6] 시간
  $24 \div 4 = 6 \text{ (시간)}$

<조건>을 만족하는 분수 $\frac{\blacktriangle}{\blacksquare}$ 를 구해 보세요.

조건
① 진분수입니다.
② 분모와 분자의 합은 9입니다.
③ 분모와 분자의 차는 1입니다.

- $\frac{\blacktriangle}{\blacksquare}$ 는 진분수이므로 $\blacktriangle$ < $\blacksquare$ 입니다.
- $\blacksquare$ + $\blacktriangle$ = [9] 입니다.
- $\blacksquare$ – $\blacktriangle$ = [1] 입니다.
- $\blacksquare$ = [5], $\blacktriangle$ = [4] 입니다.
- 조건을 만족하는 분수는 $\frac{4}{5}$ 입니다.

정답 92쪽

36 분수막대 퍼즐

04 분수 ② 37

---

38 ~ 39 페이지

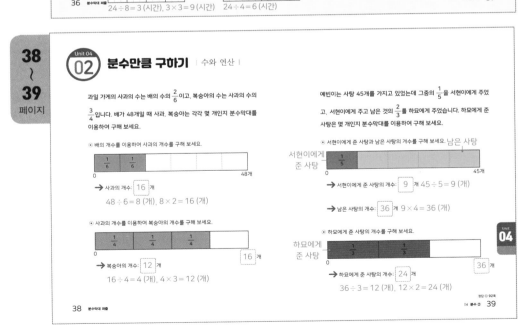

Unit 04 ② 분수만큼 구하기 | 수와 연산 |

과일 가게의 사과의 수는 배의 수의 $\frac{2}{6}$ 이고, 복숭아의 수는 사과의 수의 $\frac{3}{4}$ 입니다. 배가 48개일 때 사과, 복숭아는 각각 몇 개인지 분수막대를 이용하여 구해 보세요.

- 배의 개수를 이용하여 사과의 개수를 구해 보세요.

  $\frac{1}{6}$ $\frac{1}{6}$
  0   48개

  → 사과의 개수: [16] 개
  $48 \div 6 = 8 \text{ (개)}, \ 8 \times 2 = 16 \text{ (개)}$

- 사과의 개수를 이용하여 복숭아의 개수를 구해 보세요.

  $\frac{1}{4}$ $\frac{1}{4}$ $\frac{1}{4}$
  0   16개

  → 복숭아의 개수: [12] 개
  $16 \div 4 = 4 \text{ (개)}, \ 4 \times 3 = 12 \text{ (개)}$

예빈이는 사탕 45개를 가지고 있었는데 그중의 $\frac{1}{5}$ 을 서현이에게 주었고, 서현이에게 주고 남은 것의 $\frac{2}{3}$ 를 하묘에게 주었습니다. 하묘에게 준 사탕은 몇 개인지 분수막대를 이용하여 구해 보세요.

- 서현이에게 준 사탕과 남은 사탕의 개수를 구해 보세요.

  서현이에게 준 사탕
  $\frac{1}{5}$ 남은 사탕
  0   45개

  → 서현이에게 준 사탕의 개수: [9] 개 $45 \div 5 = 9 \text{ (개)}$
  → 남은 사탕의 개수: [36] 개 $9 \times 4 = 36 \text{ (개)}$

- 하묘에게 준 사탕의 개수를 구해 보세요.

  하묘에게 준 사탕
  $\frac{1}{3}$ $\frac{1}{3}$
  0   36개

  → 하묘에게 준 사탕의 개수: [24] 개
  $36 \div 3 = 12 \text{ (개)}, \ 12 \times 2 = 24 \text{ (개)}$

정답 92쪽

38 분수막대 퍼즐

04 분수 ② 39

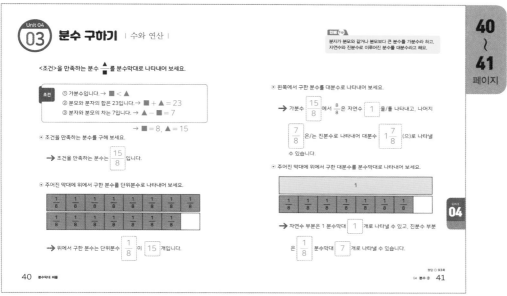

Unit 04 (03) 분수 구하기 | 수와 연산 |

<조건>을 만족하는 분수 ▲/■를 분수막대로 나타내어 보세요.

조건
① 가분수입니다. → ■ < ▲
② 분모와 분자의 합은 23입니다. → ■ + ▲ = 23
③ 분자와 분모의 차는 7입니다. → ▲ − ■ = 7

→ ■ = 8, ▲ = 15

◦ 조건을 만족하는 분수를 구해 보세요.

→ 조건을 만족하는 분수는 15/8 입니다.

◦ 주어진 막대에 위에서 구한 분수를 단위분수로 나타내어 보세요.

→ 위에서 구한 분수는 단위분수 1/8 이 15 개입니다.

개념 Tip
분자가 분모와 같거나 분모보다 큰 분수를 가분수라 하고, 자연수와 진분수로 이루어진 분수를 대분수라고 해요.

◦ 왼쪽에서 구한 분수를 대분수로 나타내어 보세요.

→ 가분수 15/8 에서 8/8 은 자연수 1 을/를 나타내고, 나머지 7/8 은/는 진분수로 나타내어 대분수 1 7/8 (으)로 나타낼 수 있습니다.

◦ 주어진 막대에 위에서 구한 대분수를 분수막대로 나타내어 보세요.

→ 자연수 부분은 1 분수막대 1 개로 나타낼 수 있고, 진분수 부분 은 1/8 분수막대 7 개로 나타낼 수 있습니다.

정답 ☞ 93쪽

40 분수막대 퍼즐

04 분수 ② 41

Unit 04

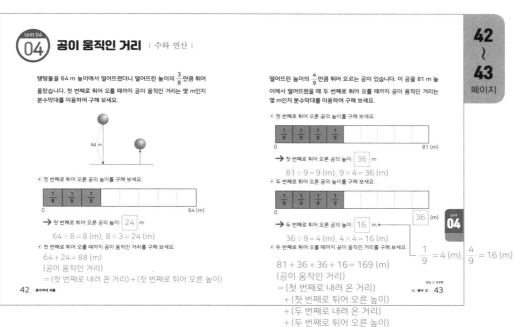

Unit 04 (04) 공이 움직인 거리 | 수와 연산 |

탱탱볼을 64 m 높이에서 떨어뜨렸더니 떨어뜨린 높이의 3/8 만큼 튀어 올랐습니다. 첫 번째로 튀어 오를 때까지 공이 움직인 거리는 몇 m인지 분수막대를 이용하여 구해 보세요.

◦ 첫 번째로 튀어 오른 공의 높이를 구해 보세요.

→ 첫 번째로 튀어 오른 공의 높이: 24 m
64 ÷ 8 = 8 (m), 8 × 3 = 24 (m)

◦ 첫 번째로 튀어 오를 때까지 공이 움직인 거리를 구해 보세요.
64 + 24 = 88 (m)
(공이 움직인 거리)
= (첫 번째로 내려 온 거리) + (첫 번째로 튀어 오른 높이)

42 분수막대 퍼즐

떨어뜨린 높이의 4/9 만큼 튀어 오르는 공이 있습니다. 이 공을 81 m 높이에서 떨어뜨렸을 때 두 번째로 튀어 오를 때까지 공이 움직인 거리는 몇 m인지 분수막대를 이용하여 구해 보세요.

◦ 첫 번째로 튀어 오른 공의 높이를 구해 보세요.

→ 첫 번째로 튀어 오른 공의 높이: 36 m
81 ÷ 9 = 9 (m), 9 × 4 = 36 (m)

◦ 두 번째로 튀어 오른 공의 높이를 구해 보세요.

→ 두 번째로 튀어 오른 공의 높이: 16 m
36 ÷ 9 = 4 (m), 4 × 4 = 16 (m)

1/9 = 4 (m), 4/9 = 16 (m)

◦ 두 번째로 튀어 오를 때까지 공이 움직인 거리를 구해 보세요.
81 + 36 + 36 + 16 = 169 (m)
(공이 움직인 거리)
= (첫 번째로 내려 온 거리)
+ (첫 번째로 튀어 오른 높이)
+ (두 번째로 내려 온 거리)
+ (두 번째로 튀어 오른 높이)

정답 ☞ 93쪽

04 분수 ② 43

Unit 04

진분수의 계산 | 수와 연산 |

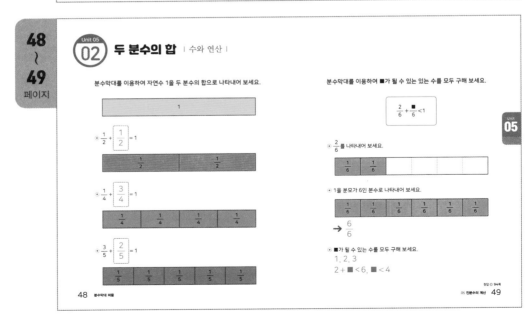

Unit 05
01 진분수의 계산 | 수와 연산 |

그림을 보고 빈칸에 알맞은 수를 써넣어 보세요.

◦ $\frac{3}{5} + \frac{4}{5}$

$$\frac{3}{5} + \frac{4}{5} = \frac{\boxed{3} + \boxed{4}}{5} = \frac{\boxed{7}}{5} = \boxed{1}\frac{\boxed{2}}{5}$$

◦ $1 - \frac{1}{7}$

$$1 - \frac{1}{7} = \frac{\boxed{7}}{7} - \frac{\boxed{1}}{7} = \frac{\boxed{7} - \boxed{1}}{7} = \frac{\boxed{6}}{7}$$

46 분수막대 퍼즐

분모가 9인 진분수 중에서 가장 큰 진분수와 가장 작은 진분수의 합과 차를 구해 보세요.

◦ 빈칸에 알맞은 수식과 수를 써넣어 보세요.

→ 분모가 ■일 때 가장 큰 진분수는 분자가 $\boxed{■ - 1}$ 일 때이고,

가장 작은 진분수는 분자가 $\boxed{1}$ 일 때입니다.

◦ 분수막대를 이용하여 만들 수 있는 가장 큰 진분수를 구해 보세요.

→ $\frac{8}{9}$

◦ 분수막대를 이용하여 만들 수 있는 가장 작은 진분수를 구해 보세요.

→ $\frac{1}{9}$

◦ 위에서 만든 두 진분수의 합과 차를 구해 보세요.

$$\frac{8}{9} + \frac{1}{9} = \frac{9}{9} = 1, \quad \frac{8}{9} - \frac{1}{9} = \frac{7}{9}$$

정답 ◎ 94쪽   05 진분수의 계산 47

Unit 05
02 두 분수의 합 | 수와 연산 |

분수막대를 이용하여 자연수 1을 두 분수의 합으로 나타내어 보세요.

1

◦ $\frac{1}{2} + \boxed{\frac{1}{2}} = 1$

| $\frac{1}{2}$ | $\frac{1}{2}$ |

◦ $\frac{1}{4} + \boxed{\frac{3}{4}} = 1$

| $\frac{1}{4}$ | $\frac{1}{4}$ | $\frac{1}{4}$ | $\frac{1}{4}$ |

◦ $\frac{3}{5} + \boxed{\frac{2}{5}} = 1$

| $\frac{1}{5}$ | $\frac{1}{5}$ | $\frac{1}{5}$ | $\frac{1}{5}$ | $\frac{1}{5}$ |

48 분수막대 퍼즐

분수막대를 이용하여 ■가 될 수 있는 있는 수를 모두 구해 보세요.

$$\frac{2}{6} + \frac{■}{6} < 1$$

◦ $\frac{2}{6}$ 를 나타내어 보세요.

| $\frac{1}{6}$ | $\frac{1}{6}$ | |

◦ 1을 분모가 6인 분수로 나타내어 보세요.

| $\frac{1}{6}$ | $\frac{1}{6}$ | $\frac{1}{6}$ | $\frac{1}{6}$ | $\frac{1}{6}$ | $\frac{1}{6}$ |

→ $\frac{6}{6}$

◦ ■가 될 수 있는 수를 모두 구해 보세요.

1, 2, 3

$2 + ■ < 6, \quad ■ < 4$

정답 ◎ 94쪽   05 진분수의 계산 49

Unit 05 03 두 분수의 합과 차 | 수와 연산 |

분모가 6인 진분수가 2개 있습니다. 합이 $\frac{5}{6}$, 차가 $\frac{1}{6}$인 두 진분수를 구해 보세요.

· 두 진분수의 합을 분수막대를 이용하여 나타내어 보세요.

· 두 진분수의 차를 분수막대를 이용하여 나타내어 보세요.

· 두 진분수를 구해 보세요.

→ 두 진분수의 (분자 , 분모)가 같으므로 합이 5 이고,

차가 1 인 두 진분수의 (분모 , 분자)를 찾습니다.

2 + 3 = 5 , 3 - 2 = 1 이므로

두 진분수의 분자는 2 , 3 입니다.

따라서 두 진분수는 $\frac{2}{6}$, $\frac{3}{6}$ 입니다.

50 ~ 51 페이지

5장의 숫자카드 중에서 2장을 골라 만들 수 있는 분수 중에서 분모가 8인 가장 큰 진분수와 가장 작은 진분수의 합과 차를 구해 보세요.

2 4 7 8 9

· 만들 수 있는 가장 큰 진분수를 분수막대를 이용하여 나타내어 보세요.

→ $\frac{7}{8}$

· 만들 수 있는 가장 작은 진분수를 분수막대를 이용하여 나타내어 보세요.

→ $\frac{2}{8}$

· 위에서 만든 두 진분수의 합과 차를 구해 보세요.

$$\frac{2}{8} + \frac{7}{8} = \frac{9}{8} = 1\frac{1}{8}, \frac{7}{8} - \frac{2}{8} = \frac{5}{8}$$

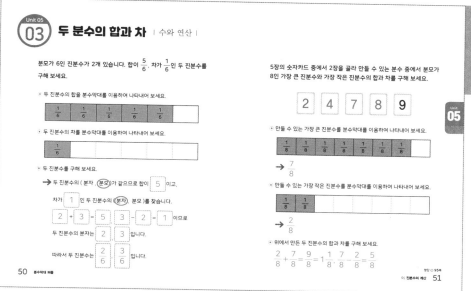

Unit 05 04 세 분수의 합 | 수와 연산 |

52 ~ 53 페이지

분수막대를 이용하여 주어진 분수를 나타내고, 합이 1이 되는 세 분수를 골라 보세요.

$\frac{6}{8}$ $\frac{3}{8}$ $\frac{4}{8}$ $\frac{1}{8}$

$\frac{3}{10}$ $\frac{5}{10}$ $\frac{7}{10}$ $\frac{2}{10}$

→ $\frac{3}{8}$ + $\frac{4}{8}$ + $\frac{1}{8}$ = 1 3+4+1=8

→ $\frac{3}{10}$ + $\frac{5}{10}$ + $\frac{2}{10}$ = 1 3+5+2=10

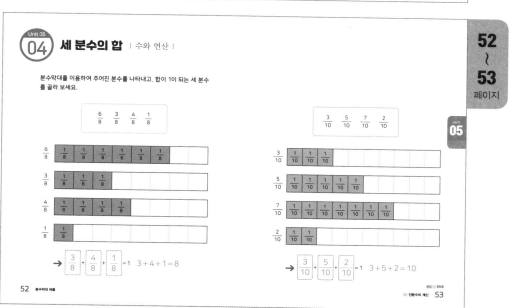

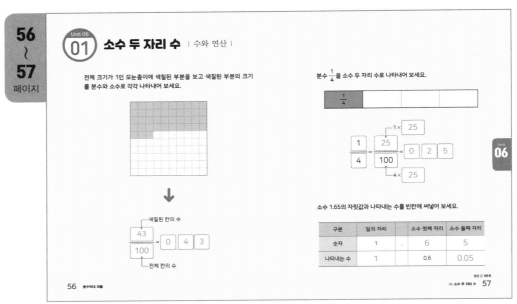

56
~
57
페이지

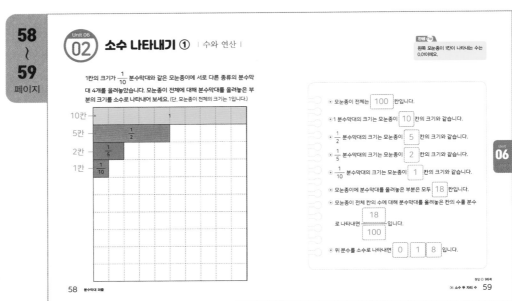

58
~
59
페이지

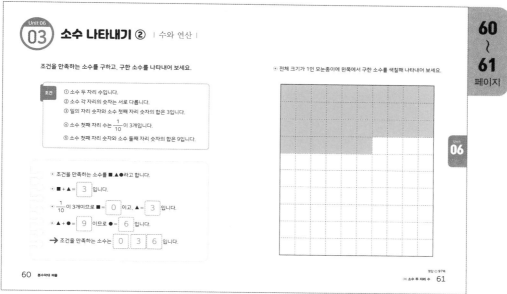

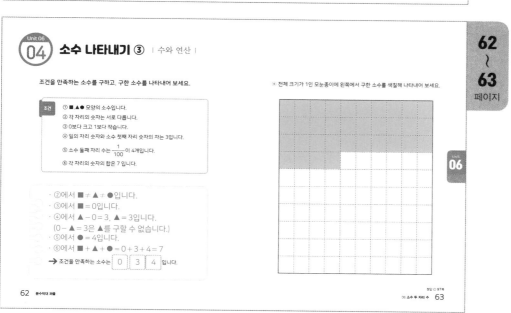

07 Unit

크기가 같은 분수 | 수와 연산 |

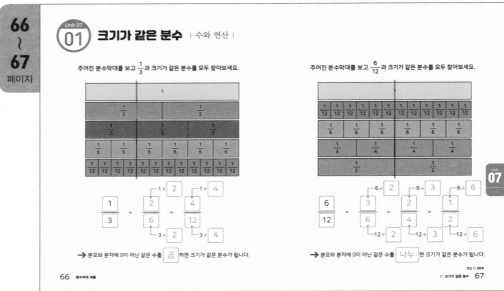

Unit 07 01 크기가 같은 분수 | 수와 연산 |

주어진 분수막대를 보고 $\frac{1}{3}$과 크기가 같은 분수를 모두 찾아보세요.

$$\frac{1}{3} = \frac{2}{6} = \frac{4}{12}$$

➡ 분모와 분자에 0이 아닌 같은 수를 곱 하면 크기가 같은 분수가 됩니다.

주어진 분수막대를 보고 $\frac{6}{12}$과 크기가 같은 분수를 모두 찾아보세요.

$$\frac{6}{12} = \frac{3}{6} = \frac{2}{4} = \frac{1}{2}$$

➡ 분모와 분자에 0이 아닌 같은 수를 나누 면 크기가 같은 분수가 됩니다.

66 분수막대 퍼즐

07 크기가 같은 분수 67

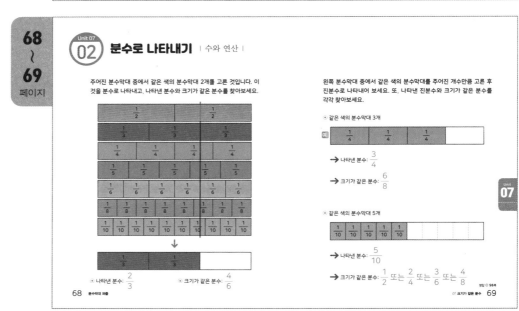

Unit 07 02 분수로 나타내기 | 수와 연산 |

주어진 분수막대 중에서 같은 색의 분수막대 2개를 고른 것입니다. 이것을 분수로 나타내고, 나타낸 분수와 크기가 같은 분수를 찾아보세요.

↓

$\frac{1}{3}$ $\frac{1}{3}$

◦ 나타낸 분수: $\frac{2}{3}$ ◦ 크기가 같은 분수: $\frac{4}{6}$

왼쪽 분수막대 중에서 같은 색의 분수막대를 주어진 개수만큼 고른 후 진분수로 나타내어 보세요. 또, 나타낸 진분수와 크기가 같은 분수를 각각 찾아보세요.

◦ 같은 색의 분수막대 3개

예 | $\frac{1}{4}$ | $\frac{1}{4}$ | $\frac{1}{4}$ | |

➡ 나타낸 분수: $\frac{3}{4}$

➡ 크기가 같은 분수: $\frac{6}{8}$

◦ 같은 색의 분수막대 5개

| $\frac{1}{10}$ | $\frac{1}{10}$ | $\frac{1}{10}$ | $\frac{1}{10}$ | $\frac{1}{10}$ | |

➡ 나타낸 분수: $\frac{5}{10}$

➡ 크기가 같은 분수: $\frac{1}{2}$ 또는 $\frac{2}{4}$ 또는 $\frac{3}{6}$ 또는 $\frac{4}{8}$

68 분수막대 퍼즐

07 크기가 같은 분수 69

Unit 07 03 분수의 덧셈 | 수와 연산 |

주어진 분수막대를 이용하여 $\frac{3}{5} + \frac{1}{2}$ 을 계산해 보세요.

70
~
71
페이지

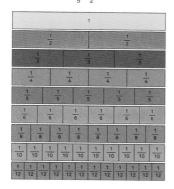

Tip
분모가 서로 다른 분수끼리 더하거나 빼려면 분모를 같게 만들어야 합니다. 이것을 통분이라고 해요.

○ 왼쪽 분수막대를 보고 $\frac{3}{5}$ 과 크기가 같은 분수를 찾아보세요.

$$\frac{3}{5} = \frac{6}{10}$$

○ 왼쪽 분수막대를 보고 $\frac{1}{2}$ 과 크기가 같은 분수를 모두 찾아보세요.

$$\frac{1}{2} = \frac{2}{4} = \frac{3}{6} = \frac{4}{8} = \frac{5}{10} = \frac{6}{12}$$

○ 위에서 찾은 분수 중 분모가 서로 같은 분수를 이용하여 $\frac{3}{5} + \frac{1}{2}$ 을 계산해 보세요.

$$\frac{3}{5} + \frac{1}{2} = \frac{6}{10} + \frac{5}{10} = \frac{11}{10} = 1\frac{1}{10}$$

70 분수막대 퍼즐

Unit 07 04 분수의 뺄셈 | 수와 연산 |

주어진 분수막대를 이용하여 분수의 뺄셈을 계산해 보세요.

72
~
73
페이지

○ 왼쪽에서 나타낸 분수막대를 보고, $1\frac{1}{4} - \frac{1}{2}$ 의 값을 구해 보세요.

예 ·방법 1: 1에서 $\frac{1}{2}$ 을 뺀 값은 $1 - \frac{1}{2} = \frac{1}{2}$ 입니다.

$\frac{1}{2}$ 에 $\frac{1}{4}$ 을 더하면 $\frac{1}{2} + \frac{1}{4} = \frac{2}{4} + \frac{1}{4} = \frac{3}{4}$ 입니다.

따라서 $1\frac{1}{4} - \frac{1}{2} = \frac{3}{4}$ 입니다.

·방법 2: $1\frac{1}{4} - \frac{1}{2} = \frac{5}{4} - \frac{2}{4} = \frac{3}{4}$ 입니다.

○ $1\frac{1}{4} - \frac{1}{2}$ 을 계산하려고 합니다. $1\frac{1}{4}$ 과 $\frac{1}{2}$ 을 분수막대로 각각 나타내어 보세요.

$1\frac{1}{4}$

$\frac{1}{2}$

○ 분수막대를 이용하여 $1\frac{1}{2} - \frac{3}{4}$ 의 값을 구해 보세요.

예 ·방법 1: $1 - \frac{3}{4} = \frac{1}{4}$, $\frac{1}{2} + \frac{1}{4} = \frac{2}{4} + \frac{1}{4} = \frac{3}{4}$

·방법 2: $1\frac{1}{2} - \frac{3}{4} = \frac{6}{4} - \frac{3}{4} = \frac{3}{4}$

72 분수막대 퍼즐

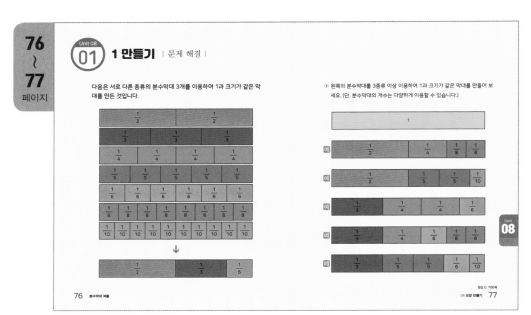

Unit 08
01 1 만들기 | 문제 해결 |

다음은 서로 다른 종류의 분수막대 3개를 이용하여 1과 크기가 같은 막대를 만든 것입니다.

⊙ 왼쪽의 분수막대를 3종류 이상 이용하여 1과 크기가 같은 막대를 만들어 보세요. (단, 분수막대의 개수는 다양하게 이용할 수 있습니다.)

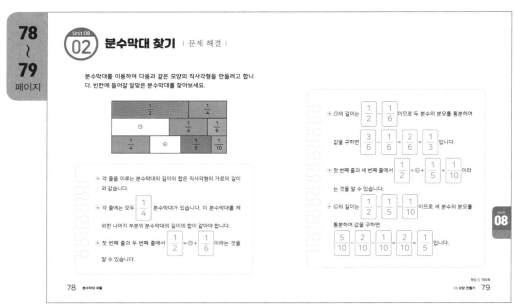

Unit 08
02 분수막대 찾기 | 문제 해결 |

분수막대를 이용하여 다음과 같은 모양의 직사각형을 만들려고 합니다. 빈칸에 들어갈 알맞은 분수막대를 찾아보세요.

⊙ 각 줄을 이루는 분수막대의 길이의 합은 직사각형의 가로의 길이와 같습니다.

⊙ 각 줄에는 모두 $\frac{1}{4}$ 분수막대가 있습니다. 이 분수막대를 제외한 나머지 부분의 분수막대의 길이의 합이 같아야 합니다.

⊙ 첫 번째 줄과 두 번째 줄에서 $\frac{1}{2} = ⊙ + \frac{1}{6}$ 이라는 것을 알 수 있습니다.

⊙ ⊙의 길이는 $\frac{1}{2} - \frac{1}{6}$ 이므로 두 분수의 분모를 통분하여 값을 구하면 $\frac{3}{6} - \frac{2}{6} = \frac{2}{6} = \frac{1}{3}$ 입니다.

⊙ 첫 번째 줄과 세 번째 줄에서 $\frac{1}{2} = ⓒ + \frac{1}{5} + \frac{1}{10}$ 이라는 것을 알 수 있습니다.

⊙ ⓒ의 길이는 $\frac{1}{2} - \frac{1}{5} - \frac{1}{10}$ 이므로 세 분수의 분모를 통분하여 값을 구하면 $\frac{5}{10} - \frac{2}{10} - \frac{1}{10} = \frac{2}{10} = \frac{1}{5}$ 입니다.

Unit 08 · 03 직사각형 만들기 | 문제 해결 |

분수막대를 이용하여 다음과 같은 모양의 직사각형을 만들려고 합니다. 각 줄의 빈칸에 2개 이상의 분수막대를 놓아 직사각형을 완성해 보세요.

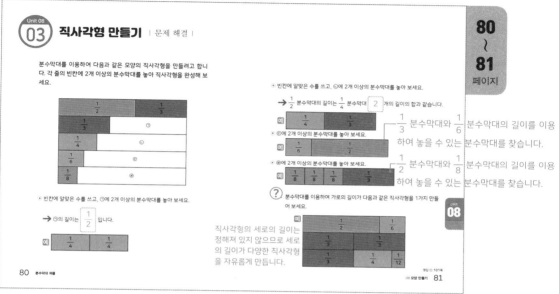

• 빈칸에 알맞은 수를 쓰고, ⓒ에 2개 이상의 분수막대를 놓아 보세요.

→ $\frac{1}{2}$ 분수막대의 길이는 $\frac{1}{4}$ 분수막대 2 개의 길이의 합과 같습니다.

• ⓒ에 2개 이상의 분수막대를 놓아 보세요.

$\frac{1}{3}$ 분수막대와 $\frac{1}{6}$ 분수막대의 길이를 이용하여 놓을 수 있는 분수막대를 찾습니다.

• ⓔ에 2개 이상의 분수막대를 놓아 보세요.

$\frac{1}{2}$ 분수막대와 $\frac{1}{8}$ 분수막대의 길이를 이용하여 놓을 수 있는 분수막대를 찾습니다.

? 분수막대를 이용하여 가로의 길이가 다음과 같은 직사각형을 1가지 만들어 보세요.

직사각형의 세로의 길이는 정해져 있지 않으므로 세로의 길이가 다양한 직사각형을 자유롭게 만듭니다.

• 빈칸에 알맞은 수를 쓰고, ⓒ에 2개 이상의 분수막대를 놓아 보세요.

→ ⓒ의 길이는 $\frac{1}{2}$ 입니다.

Unit 08 · 04 모양 만들기 | 문제 해결 |

각 줄의 빈칸에 <규칙>에 맞게 알맞은 분수막대를 놓아 제시된 모양을 만들어 보세요.

규칙
① $\frac{1}{2}$, $\frac{1}{3}$, $\frac{1}{4}$, $\frac{1}{5}$, $\frac{1}{6}$, $\frac{1}{10}$ 분수막대만 올려놓을 수 있습니다.
② $\frac{1}{2}$ 분수막대는 최대 2개, $\frac{1}{3}$ 분수막대는 최대 3개, …, $\frac{1}{10}$ 분수막대는 최대 10개까지 올려놓을 수 있습니다.

규칙
① $\frac{1}{2}$, $\frac{1}{3}$, $\frac{1}{4}$, $\frac{1}{5}$, $\frac{1}{6}$, $\frac{1}{8}$ 분수막대만 올려놓을 수 있습니다.
② $\frac{1}{2}$, $\frac{1}{3}$, $\frac{1}{4}$, $\frac{1}{5}$, $\frac{1}{6}$, $\frac{1}{8}$ 분수막대를 모두 1개 이상 사용해야 합니다.
③ $\frac{1}{2}$ 분수막대는 최대 2개, $\frac{1}{3}$ 분수막대는 최대 3개, …, $\frac{1}{8}$ 분수막대는 최대 8개까지 올려놓을 수 있습니다.

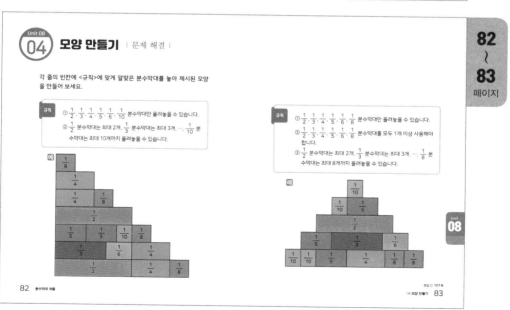

MEMO

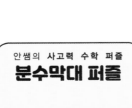

분수막대 만들기

※ 주어진 막대를 똑같은 크기로 나누어 분수막대를 만들어 보세요.

1

분수막대

※ 분수막대를 가위로 오려 사용하세요.

1											

$\frac{1}{2}$	$\frac{1}{2}$

$\frac{1}{3}$	$\frac{1}{3}$	$\frac{1}{3}$

$\frac{1}{4}$	$\frac{1}{4}$	$\frac{1}{4}$	$\frac{1}{4}$

$\frac{1}{5}$	$\frac{1}{5}$	$\frac{1}{5}$	$\frac{1}{5}$	$\frac{1}{5}$

$\frac{1}{6}$	$\frac{1}{6}$	$\frac{1}{6}$	$\frac{1}{6}$	$\frac{1}{6}$	$\frac{1}{6}$

$\frac{1}{8}$	$\frac{1}{8}$	$\frac{1}{8}$	$\frac{1}{8}$	$\frac{1}{8}$	$\frac{1}{8}$	$\frac{1}{8}$	$\frac{1}{8}$

$\frac{1}{9}$	$\frac{1}{9}$	$\frac{1}{9}$	$\frac{1}{9}$	$\frac{1}{9}$	$\frac{1}{9}$	$\frac{1}{9}$	$\frac{1}{9}$	$\frac{1}{9}$

$\frac{1}{10}$	$\frac{1}{10}$	$\frac{1}{10}$	$\frac{1}{10}$	$\frac{1}{10}$	$\frac{1}{10}$	$\frac{1}{10}$	$\frac{1}{10}$	$\frac{1}{10}$	$\frac{1}{10}$

$\frac{1}{12}$	$\frac{1}{12}$	$\frac{1}{12}$	$\frac{1}{12}$	$\frac{1}{12}$	$\frac{1}{12}$	$\frac{1}{12}$	$\frac{1}{12}$	$\frac{1}{12}$	$\frac{1}{12}$	$\frac{1}{12}$	$\frac{1}{12}$

좋은 책을 만드는 길, 독자님과 함께 하겠습니다.

안쌤의 사고력 수학 퍼즐 분수막대 퍼즐 <초등>

초 판 발 행	2023년 06월 15일 (인쇄 2023년 04월 26일)
발 행 인	박영일
책 임 편 집	이해욱
편 저	안쌤 영재교육연구소
편 집 진 행	이미림
표지디자인	조혜령
편집디자인	최혜윤
발 행 처	(주)시대교육
공 급 처	(주)시대고시기획
출 판 등 록	제10-1521호
주 소	서울시 마포구 큰우물로 75 [도화동 538 성지 B/D] 9F
전 화	1600-3600
팩 스	02-701-8823
홈 페 이 지	www.sdedu.co.kr

I S B N	979-11-383-4900-0 (63410)
정 가	12,000원